CAN-DO! Learn Flash CS6 the right way

Flash CS6
铂金精粹版
超值全彩

Flash CS6 中文版
从入门到精通

潘明歌　王海波　杜　平　邱志茹　王会三 / 主　编
胡轶男　张兴全　邢福生　高贞友 / 副主编

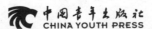
中国青年出版社
CHINA YOUTH PRESS

中青雄狮

侵权举报电话

全国"扫黄打非"工作小组办公室   中国青年出版社
010-65233456 65212870   010-59521012
http://www.shdf.gov.cn   E-mail: cyplaw@cypmedia.com
     MSN: cyp_law@hotmail.com

图书在版编目（CIP）数据

Flash CS6 从入门到精通：铂金精粹版 / 潘明歌等主编．
－北京：中国青年出版社，2014.3
ISBN 978-7-5153-2208-7
I. ①F… II. ①潘 … III. ①动画制作软件 IV. ①TP391.41
中国版本图书馆 CIP 数据核字（2014）第 033860 号

Flash CS6从入门到精通（铂金精粹版）

潘明歌　王海波　杜　平　邱志茹　王会三 / 主　编
胡轶男　张兴全　邢福生　高贞友 / 副主编

出版发行：🚲 中国青年出版社
地　　址：北京市东四十二条 21 号
邮政编码：100708
电　　话：（010）59521188 / 59521189
传　　真：（010）59521111
企　　划：北京中青雄狮数码传媒科技有限公司
责任编辑：张　军　张海玲
封面制作：六面体书籍设计　孙素锦

印　　刷：北京建宏印刷有限公司
开　　本：787×1092　1/16
印　　张：15
版　　次：2014 年 4 月北京第 1 版
印　　次：2017 年 8 月第 3 次印刷
书　　号：ISBN 978-7-5153-2208-7
定　　价：69.80 元（附赠 1DVD，含语音视频教学 + 案例素材文件）

本书如有印装质量等问题，请与本社联系
电话：（010）59521188 / 59521189
读者来信：reader@cypmedia.com
如有其他问题请访问我们的网站：www.cypmedia.com

"北大方正公司电子有限公司" 授权本书使用如下方正字体。
封面用字包括：方正粗雅宋简体，方正兰亭黑系列。

Preface

前 言

Flash是一款优秀的矢量动画编辑软件，利用该软件不仅可以制作生活和工作中相关的卡通形象、广告创意、特效设计、节日贺卡、教学课件、产品展示等动画作品，还可以开发出供人们休闲娱乐的动画小游戏。再者，其生成的文件体积较小，播放效果清晰，因此深受广大用户的亲睐。

为了使广大读者能够更好地掌握CS6新版本的功能，我们组织有关专家编写了此书，书中内容着眼于专业性和实用性，其结构清晰、讲解细致，符合读者的认知规律，所讲案例具有很强的代表性。无论对于动画设计专业人员还是动画设计初学者，都具有很强的参考及学习价值。

全书共13章，具体内容介绍如下。

章 节	内 容
Chapter 01	主要讲解了 Flash CS6 的新功能，界面布局以及基本操作
Chapter 02	主要讲解了图形的绘制与编辑，其中对绘图工具、填充工具以及图形对象的编辑操作逐一作了介绍
Chapter 03	主要讲解了文本的创建与编辑操作，其中包括各类文本的创建、文本样式的设置、文本段落的设置等
Chapter 04	主要讲解了时间轴和图层的知识，如帧的复制、移动、删除等；以及图层的创建、删除、重命名等
Chapter 05	主要讲解了元件、库和实例的知识，如元件的类型、元件的创建、库元素的调用、实例的创建及其设置操作等
Chapter 06	主要讲解了 Flash 动画的创建，如逐帧动画、补间动画、遮罩动画、引导动画以及骨骼动画等
Chapter 07	主要讲解了Actionscript 3.0 的知识，其中包括 Actionscript 3.0 语法、常见运算符以及动作面板的使用等
Chapter 08	主要讲解了在动画中添加音效、在动画中插播视频的操作
Chapter 09	主要讲解了组件的知识，其中包括组件的添加与删除，以及复选框、列表框、滚动条等组件的应用
Chapter 10	主要讲解了 flash 影片的测试、优化及发布操作
Chapter 11~13	3 个综合案例分别是 Flash 网站片头、Flash 音乐 MV、Flash 动画短片，通过练习制作这些案例，可以熟练掌握前面章节所介绍的知识内容，以实现学以致用的目的

本书知识结构安排合理，语言组织通俗易懂，在讲解每一个知识点时，附加以小应用案例进行说明。正文中还穿插介绍了很多细小的知识点，如"知识链接"和"专家技巧"等。每章最后安排"设计师训练营"和"课后习题"两个体例，以对前面所学知识加以巩固练习。此外，附赠的光盘中记录了典型案例的教学视频，以供读者模仿学习。本书既可以作为应用型本科、职业院校和培训班动漫设计专业的教材，又可以作为广大动画爱好者的自学用书。

本书在编写和案例制作过程中力求严谨细致，但由于水平和时间有限，疏漏之处在所难免，望广大读者批评指正。我的邮箱是itbook2008@163.com。

作 者

Contents

目录

Chapter 01

Flash CS6快速入门

Chapter

图形的绘制与编辑

Chapter 03

文本的创建与编辑

Chapter 04

时间轴与图层

元件、库与实例

时间轴动画的创建

Chapter

07

ActionScript特效设计

音频与视频的应用

组件的应用

Chapter 10

动画的输出与发布

Chapter 11

设计网站片头

Chapter 12

设计音乐MV

Chapter 13

设计动画短片

Appendix 附 录

Chapter 01

Flash CS6 快速入门

Flash是一款非常优秀的矢量动画制作软件，它以流式控制技术和矢量技术为核心，制作的动画具有短小精悍的特点，因此被广泛应用于网页动画的设计中，现已成为网页动画设计最为流行的软件之一。随着版本的不断更新，其功能也不断增强，从本章开始将对Flash CS6进行全面介绍。

重点难点

- 了解Flash的应用方向
- Flash CS6的新增功能
- Flash CS6的工作界面
- Flash CS6的基本操作

Section 01

初识 Flash CS6

Flash是世界上第一个商用的二维矢量动画软件，用于设计和编辑Flash文档。Flash广泛用于创建吸引人的应用程序，它们包含丰富的视频、声音、图形和动画。可以在Flash中创建原始内容或者从其他Adobe应用程序导入，快速设计简单的动画，以及使用Adobe AcitonScript 3.0开发高级的交互式项目。

01 Flash CS6新功能

Flash CS6可以包含简单的动画、视频内容、复杂演示文稿和应用程序以及介于它们之间的任何内容。通常，使用Flash创作的各个内容单元称为应用程序，即使它们可能只是很简单的动画。用户也可以通过添加图片、声音、视频和特殊效果，构建包含丰富媒体的Flash应用程序。下面将对其新功能进行简要介绍。

（1）对 HTML5 的新支持

以 Flash Professional 的核心动画和绘图功能为构建基础，利用新的扩展功能创建交互式 HTML5 内容。导出为 JavaScript 以面向 CreateJS 开源架构。

（2）广泛的平台和设备支持

锁定最新的 Adobe Flash Player 和 AIR 运行时，能够针对 Android 和 iOS 平台进行设计。

（3）生成 Sprite 表

Sprite 表是一个图形图像文件，该文件包含选定元件中使用的所有图形元素。在文件中会以平铺方式安排这些元素。在库中选择元件时，还可以包含库中的位图。创建 Sprite 表很简单，即在库中或舞台上选择元件，单击鼠标右键，在弹出的快捷菜单中选择"生成Sprite 表"选项，如右图所示。

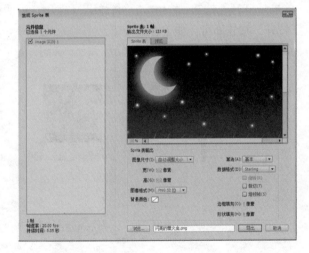

（4）创建预先封装的 Adobe AIR 应用程序

使用预先封装的 Adobe AIR captive 运行时为用户创建和发布应用程序，改善用户体验，以及通过预制的本地扩展，使用户获得访问专用设备的能力。简化应用程序的测试流程，使终端用户无需额外下载即可运行其内容。

（5）Adobe AIR 移动设备模拟

模拟屏幕方向、触控手势和加速计等常用的移动设备应用互动来加速测试流程。

（6）锁定 3D 场景

使用直接模式作用于针对硬件加速的2D内容的开源Starling Framework，从而增强渲染效果。

待Flash CS6成功安装之后，双击桌面上的Flash CS6快捷图标，就可以启动并进入Flash CS6的工作界面了，在这一过程中首先出现的是如下左图所示的启动界面，随后才会进入到如下右图所示的初始界面。

在初始界面中，包含如下5个功能区域：

（1）"从模板创建"区域

该区域列出了创建新Flash文件常用的模板，单击"更多"按钮，将弹出如下左图所示的"从模板新建"对话框，用户从中可选择并创建各类动画文档。

（2）"打开最近的项目"区域

该区域列出最近打开过的Flash名称，单击其中一个文件名称，即可打开相应的Flash文档。若单击"打开"按钮　，将弹出"打开"对话框，从中可选择一个或多个Flash文档，最后单击"打开"按钮即可，如下右图所示。

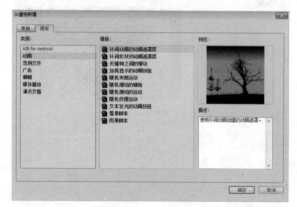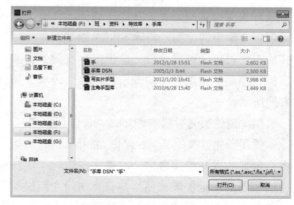

（3）"新建"区域

该区域列出了Flash可创建的文档类型，用户可以根据自己的需要新建一个普通的Flash文件。

（4）"扩展"区域

单击该区域中的链接选项，将打开相应的网页，从中可下载扩展程序、动作文件、脚本、模板以及其他可扩展 Adobe 应用程序功能的项目。

（5）"学习"区域

该区域中罗列了学习Flash的相关知识条目，用户可以通过单击超级链接，打开相应的网页，以学习Flash的操作知识。

Section 02

Flash 动画的应用

Flash动画以其精巧的身姿，轻易地占据了网络世界的半边天下。从广告到网站logo，再到导航按钮、站点片头甚至整站设计，Flash无处不在彰显着光彩。除了网站的基本应用外，Flash技术还广泛应用于多媒体课件、MTV、在线游戏等的制作中。

1. 多媒体课件

在远程教育上Flash为网络教学提供了技术支持。Flash的交互性为多媒体课件的制作增添了优势，结合ActionScript可以制作各种测试题、调查问卷等，使其成为辅助教学的重要手段。用Flash制作的多媒体课件可以生成".exe"文件，通过光盘单机独立运行。多媒体课件集图像、文字、声音、视频于一体，实现了传统书面教材的立体化，同时也推动了教学手段、教学方法的多样化。如下图所示的美术课件。

2. 交互式游戏

通过ActionScript可以增加Flash作品的交互性。大部分的手机游戏都应用了Flash进行开发。网络游戏的种类也越来越多，如下图所示的Flash小游戏。Flash动画游戏给人们带来娱乐的同时，也推动了更多周边产业的发展。

3. 网络广告

Flash制作的广告与传统的广告相比有着显著的优势，作为一种新兴传播媒体，Flash具有非常高的自由度与互动特性。Flash广告具有很好的视觉冲击力，它能够将整体节奏控制得恰到好处，让人过目不忘。其速度感是Flash广告视觉吸引的最好表现，以在很短时间内把自己的整体信息传播给访问者，增强访问者的印象。它可呈现的网络广告有很多种类，如横幅式、插播式、按钮式、文本链接广告等，如下图所示为绿色食品宣传广告。

4．动态网站

Flash是一种非常优秀的多媒体和动态网页的设计工具，使用它可以制作出后缀名为.swf的文件，这种文件可以插入HTML里，也可以单独成为网页，在连接互联网时可边下载边播放，避免了用户长时间的等待，因此十分适合在网络上传输。同时制作精美的Flash动画可以具有很强的视觉冲击力和听觉冲击力，公司网站可以借助Flash的精彩效果吸引客户的注意力，从而达到比以往静态页面更好的宣传效果，如下图所示。

5．电子贺卡

利用Flash制作电子贺卡，不仅图文并茂，而且可以伴有音乐背景，是目前网络中比较流行的一种祝福方式。在新春佳节、五一节、国庆节……做一张电子贺卡发给亲朋好友，意味着送去一片温暖。目前，许多大的网站中都有专门的贺卡专栏，还有许多专业从事贺卡制作与销售的网站也在大量制作此类贺卡。如下图所示为重阳节祝福贺卡。

6. 动画短片

使用Flash可以制作各种风格的动画，题材涉及范围很广，情景类型丰富多彩，并且可以为动画配声音效果，目前已经涌现出许多出色的Flash动画。很多公益广告也通过Flash动画做推广，电视台也开始播放Flash动画。Flash拥有的互动能力及动画制作的简捷性可以节省大量的绘制时间，更快地制作动画短片作品，如下图所示为公益宣传短片。

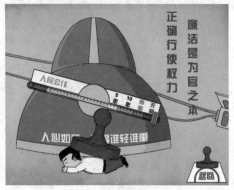

7. 音乐MV

作为一种全新的流行艺术和文化表现形式，Flash已对互联网、大众艺术和文化生活构成了前所未有的冲击。利用Flash动画表达自己个性张扬的创意，抒发自己另类的情感。它进一步体现了网络交互性，让个人情绪得到图形化的宣泄。

现在很多网站流行FLASH 音乐MV，它就是利用FLASH软件制作出来的MV，因其具有动画的特点，又配有歌曲，文件较小，上传下载快，在网络上深受人们的喜爱和欢迎。同样一首歌曲，在广播里听，无形无影，在电视上看，不过是真人的几个镜头切换，但制作成Flash效果则大不一样了。如下图所示为《牵牛花的爱》音乐MV。

> **知识链接**　Flash动画创意设计
>
> 在设计一个动画之前，应该对这个动画做好足够的分析工作，理清创作思路，拟定创作提纲。明确制作动画的目的，要制作什么样的动画，通过这个动画要达到什么样的效果，以及通过什么形式将它表现出来，同时还要考虑到不同观众的欣赏水平。做好动画的整体风格设计，突出动画的个性。"好的开端是成功的一半"。做好动画的构思工作，作品也就成功了一半。对于初学者，可模仿优秀的Flash作品，学习作者设计思路和设计技巧。

Section 03 Flash CS6 的工作界面

Flash CS6的工作界面主要包括菜单栏、工具箱、时间轴、舞台与工作区，以及一些常用的面板等。本节将对Flash CS6的工作界面进行详细介绍。

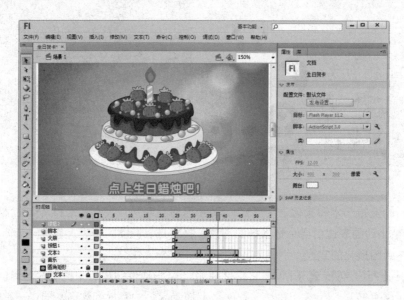

1．菜单栏

新版本的菜单栏最左侧是Flash的图标按钮，接着从左往右依次是"文件"、"编辑"、"视图"、"插入"、"修改"、"文本"、"命令"、"控制"、"调试"、"窗口"和"帮助"菜单项。在这些菜单中几乎可以执行Flash中的所有操作命令。

2．舞台和工作区

舞台是用户在创建Flash文件时放置内容的矩形选区（默认为白色），只有在舞台中的对象才能够作为影片输出或打印。而工作区则是以淡灰色显示，使用"工作区"命令可以查看场景中部分或全部超出舞台的元素，在测试影片时，这些对象不会显示出来。

3．工具箱

默认情况下，工具箱位于窗口的左侧，其中包含了选择工具、文本工具、变形工具、绘图工具以及填充颜色工具等。将鼠标指针移动到按钮之上，可显示该按钮的名称。若单击任一工具按钮，则可将其激活并使用。工具箱的位置是可以改变，即用鼠标按住工具箱上方的空白区域便可进行随意拖动。

4．时间轴

时间轴由图层、帧和播放头组成，其主要用于组织和控制文档内容在一定时间内播放的帧数。时间轴面板可以分为左右两个区域：左边是图层控制区域，右边是帧控制区域，如右图所示。

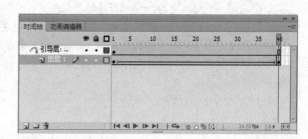

见页面右侧装订标签

图层控制区域：用于设置整个动画的"空间"顺序，包括图层的隐藏、锁定、插入、删除等。在时间轴中，图层就像堆叠在一起的多张幻灯片，每个图层都包含一个显示在舞台中的不同图像。

帧控制区域：用于设置各图层中各帧的播放顺序，它由若干帧单元格构成，每一格代表一个帧，一帧又包含着若干内容，即所要显示的图片及动作。将这些图片连续播放，就能观看到一个动画影片。帧控制区的下边是帧工作区，给出各帧的属性信息。

5. 常用面板

在Flash CS6中提供了许多控制面板来帮助用户快速准确的执行特定命令。例如"颜色"面板可以用于修改FLA的调色板并更改笔触和填充的颜色，如下左图所示。利用"对齐"面板可以将对象对齐，如下中图所示。

"属性"面板是一个比较特殊面板，单击选中不同的对象或工具时，会自动显示相应的属性面板，如下右图所示为图形元件的"属性"面板。

 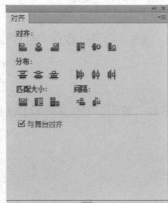 

Section 04 — Flash CS6 的基本操作

在制作Flash动画之前，了解Flash的基本操作是很有必要的。例如，Flash文档的属性设置、打开、保存以及导入素材等。

01 文档属性的设置

设置文档属性是制作动画的第一步，通过属性面板可以设置舞台大小、背景颜色、帧频等。

例1-1 文档属性的设置

Step 01 单击属性面板中的"编辑文档属性"按钮，或者按"Ctrl+J"组合键，打开如下左图所示的"文档设置"对话框。

Step 02 从中设置相关属性后单击"确定"按钮，即可看到舞台的大小、背景颜色都发生了改变，如下右图所示。

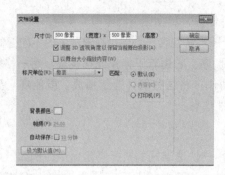

02 打开已有文档

在Flash CS6中，打开文档的方法有很多种，使用以下任意一种方法均可打开已有的Flash文档。

- 直接在Flash的初始界面上单击"打开"按钮。
- 直接双击Flash文件的图标将其打开。
- 通过文件菜单打开，即选择"文件>打开"命令，或按【Ctrl+O】组合键。

03 保存新建文档

在Flash CS6中，保存文档有多种，使用以下任意一种方法即可保存文档。

- 选择"文件>保存"命令。
- 选择"文件>另存为"命令。
- 选择"文件>全部保存"命令。
- 按【Ctrl+S】组合键。
- 按【Ctrl+Shift+S】组合键。

04 将素材导入到库

素材的调用是制作Flash动画的基本技能，用户可以将素材导入当前文档的舞台中或库中。

❌ 例1-2 将图片导入到库

Step 01 选择"文件>导入>导入到库"命令，打开"导入到库"对话框，如下左图所示。

Step 02 从中选择所要导入的单张图片，也可以选择多张图片，最后单击"打开"按钮返回库中即可看到导入的图像素材，如下右图所示。

图像的基础知识

图像是Flash中最常用的素材之一，在Flash CS6中可以导入的图像格式有多种，包括JPG、PNG、GIF和BMP等。在制作Flash动画时，了解一些图像的基础知识是必要的，例如图像的像素和分辨率，矢量图和位图等概念。

01 像素与分辨率

像素和分辨率是和图像相关的重要概念，是衡量图像细节表现力的技术参数，掌握这些基本概念，有助于更好的学习Flash的动画制作。

1. 像素

像素是指基本原色素及其灰度的基本编码。像素（Pixel）是由Picture（图像）和 Element（元素）这两个单词的字母所组成的，是用来计算数码影像的一种单位，是构成图像的最小单位，是图像的基本元素。若把影像放大数倍，会发现这些连续色调其实是由许多色彩相近的小方点所组成，这些小方点就是构成影像的最小单位"像素"（Pixel）。这种最小的图形的单元能在屏幕上显示通常是单个的染色点。越高位的像素，其拥有的色板也就越丰富，越能表达颜色的真实感。

像素可以用一个数表示，例如一个"0.5兆像素"数码相机，表示它有额定五十万像素。或者也可以用一对数字表示，例如"720×640显示器"，表示它有横向720像素和纵向640像素，因此其总数为720×640 = 460,800像素。 当图片尺寸以像素为单位时，每一厘米等于28像素，例如10*10厘米长度的图片，等于280*280像素的长度。

在计算机编程中，像素组成的图像叫位图或者光栅图像。位图化图像可用于编码数字影像和某些类型的计算机生成艺术。简单说起来，像素就是图像的点的数值，点画成线，线画成面。

2. 分辨率

分辨率是指单位长度内所含像素点的数量，单位为"像素每英寸"（ppi）。分辨率是屏幕图像的精密度，是指显示器所能显示的像素的多少。由于屏幕上的点、线和面都是由像素组成的，显示器可显示的像素越多，画面就越精细，同样的屏幕区域内能显示的信息也越多，所以分辨率是非常重要的性能指标之一。如果把整个图像想象成是一个大型的棋盘，那么分辨率的表示方式就是所有经线和纬线交叉点的数目。由此可见，图像的分辨率可以改变图像的精细程度，直接影响图像的清晰度，也就是说图像的分辨率越高，图像的清晰度也就越高，图像占用的存储空间也越大。

分辨率不仅与显示尺寸有关，还受显像管点距、视频带宽等因素的影响。其中，它和刷新频率的关系比较密切，严格地说，显示器能达到的最高分辨率数，即为这个显示器的最高分辨率。分辨率的种类有很多，其含义也各不相同，正确理解分辨率在各种情况下的具体含义，弄清不同表示方法之间的相互关系是至关重要的。

02 矢量图与位图

根据图像显示原理的不同，图形可以分为位图和矢量图。矢量图和位图各有利弊，根据不同的情况可使用不同的图片格式。

1. 矢量图

矢量图使用直线和曲线来描述图形，这些图形的元素是一些点、线、矩形、多边形、圆和弧线等，都是通过数学公式计算获得的。矢量图文件占用内存空间较小，因为这种类型的图像文件包含独立的分离图像，可以自由无限制的重新组合。

矢量图的特点是放大后图像不会失真，和分辨率无关，文件占用空间较小，适用于图形设计、文字设计和一些标志设计、版式设计等，如下图所示。最大的缺点是难以表现色彩层次丰富的逼真图像效果。常见的矢量图绘制软件有CorelDraw、Illustrator、Freehand、CAD等。

2. 位图

位图也叫像素图，它由像素或点的网格组成，这些点可以进行不同的排列和染色以构成图样。当放大位图时，可以看见构成整个图像的无数单个方块。扩大位图尺寸的效果是增大单个像素，从而使线条和形状显得参差不齐。如果将这类图形放大到一定的程度，就会发现它是由一个个小方格组成的，这些小方格被称为像素点，如下图所示。

一个像素点是图像中最小的图像元素。一幅位图图像包括的像素可以达到百万个，因此，位图的大小和质量取决于图像中像素点的多少，常见的位图编辑软件有Photoshop、Painter等。

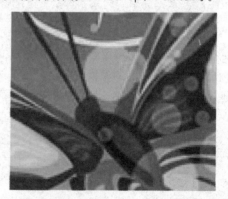

综上所述，矢量图和位图的区别如下表所示。

图像类型	组 成	优 点	缺 点
位图	像素	只要有足够多的不同色彩的像素，就可以制作出色彩丰富的图象，逼真地表现自然界的景象	缩放和旋转容易失真，同时文件容量较大
矢量图	数学向量	文件容量较小，在进行放大、缩小或旋转等操作时图象不会失真	不易制作色彩变化太多的图象

1. 选择题

（1）Flash 中的时间轴，其用途是（   ）。

    A. 制作动画情节   B. 开启新文件

    C. 关闭旧文件   D. 储存旧文件

（2）打开文件的快捷键是（   ）。

    A. Ctrl+R   B. Ctrl+S

    C. Ctrl+E   D. Ctrl+O

（3）Flash 动画的应用领域非常广泛，下列不属于其应用范围的是（   ）。

    A. 交互式游戏   B. 多媒体课件

    C. 动态网页   D. 视频剪辑

（4）矢量图形用来描述图像的（   ）。

    A. 直线   B. 曲线

    C. 色块   D. 直线和曲线

（5）设置文档属性是制作动画的第一步，下列不属于打开文档属性的方法是（   ）。

    A. Ctrl+J   B. 修改 > 文档

    C. Ctrl+R   D. 属性面板中大小选项右侧的编辑按钮 🔧

2. 填空题

（1）Flash CS6 的工作界面主要包括标题栏、＿＿＿＿＿＿、工具栏、＿＿＿＿＿＿、舞台和工作区，以及一些常用的面板等。

（2）时间轴主要由＿＿＿＿＿＿、＿＿＿＿＿＿和播放头组成。

（3）图像的分辨率越高，图像的清晰度也就越＿＿＿＿＿＿，图像占用的存储空间也越＿＿＿＿＿＿。

（4）矢量图的特点是放大后图像不会失真，和分辨率无关，文件占用空间较小，适用于图形设计、＿＿＿＿＿＿、＿＿＿＿＿＿、版式设计等。

3. 上机题

新建一个500×500像素的空白文档，然后将图像素材导入到库中，并拖入到舞台，如下图所示，最后保存文件。

操作提示

① 启动Flash CS6应用程序。

② 单击"文件>导入>导入到库"命令。

③ 打开"导入到库"对话框并选择图像。

④ 在库中选择图像并将其拖至舞台中。

Chapter 02

图形的绘制与编辑

本章将对图形的绘制与编辑操作进行详细介绍，内容包括图形的绘制、图像的填充、对象的选择以及编辑等。通过学习这些内容，用户便可以根据需要绘制和编辑各类图形文件，从而使自己的动画表现得更为生动形象。

重点难点

- 辅助绘图工具的使用
- 常见绘图工具的使用
- 颜色填充工具的使用
- 图形对象的编辑与修饰

辅助绘图工具

在制作动画时，往往需要对某些对象进行精确定位，这时就要用到标尺、网格、辅助线这3种辅助工具。本节将对这3种工具的使用与设置进行介绍。

01 标尺

选择"视图＞标尺"命令，或按【Ctrl＋Alt＋Shift＋R】组合键，即可打开标尺，如下左图所示。舞台的左上角是标尺的零起点，若再次选择"视图＞标尺"命令或按相应的组合键，即可将其隐藏。

一般情况下，标尺的度量单位是像素，用户也可以根据使用习惯更改其度量单位。选择"修改＞文档"命令，打开"文档设置"对话框，从中在"标尺单位"下拉列表框中选择相应的单位即可，如下右图所示。

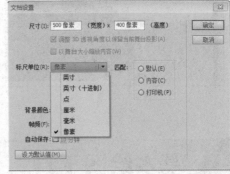

02 网格

选择"视图＞网格＞显示网格"命令，或按【Ctrl＋′】组合键，即可显示网格，如下左图所示。若再次选择该命令，即可将网格隐藏。

选择"视图＞网格＞编辑网格"命令，或按【Ctrl＋Alt＋G】组合键，将打开如下右图所示的"网格"对话框。在该对话框中可以对网格的颜色、间距和紧贴精确度等选项进行设置，以满足不同用户的需求。若选中"紧贴至网格"复选框，则可以沿着水平和垂直网格线紧贴网格绘制图形，即使在网格不可见时，同样可以紧贴网格线绘制图形。

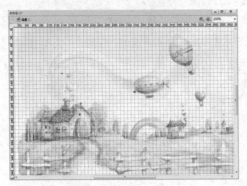
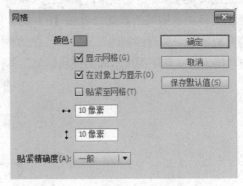

03 辅助线

使用辅助线可以对舞台中的对象进行位置规划、对各个对象的对齐和排列情况进行检查，还可以提供自动吸附功能。

使用辅助线之前，首先需要将标尺显示出来。选择"视图>辅助线>显示辅助线"命令，或按【Ctrl+；】组合键，可以显示或隐藏辅助线。在水平标尺或垂直标尺上按下鼠标并向舞台拖动，水平辅助线或垂直辅助线将会显示出来，辅助线的默认颜色为绿色，如下左图所示。

选择"视图>辅助线>编辑辅助线"命令，将打开如下右图所示"辅助线"对话框，从中可以对辅助线进行修改编辑，如调整辅助线颜色、锁定辅助线和贴紧至辅助线等。若选择"视图>辅助线>清除辅助线"命令，则可以从当前场景中删除所有的辅助线。

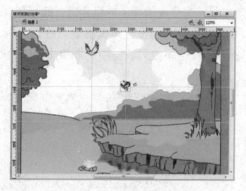 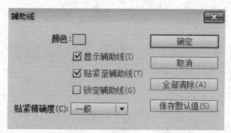

Section 02 基本绘图工具

随着Flash的不断升级，它的绘图功能越来越强大，操作也更加便捷。本节将对Flash中绘图工具的特点与使用方法进行介绍。

01 钢笔工具

在Flash CS6中，钢笔工具 可以精确地绘制出平滑精致的直线和曲线。对于绘制完成的直线和曲线，可以通过调整线条上的节点来改变直线段和曲线段的样式。

选择工具箱中的钢笔工具 或者按【P】键，即可调出钢笔工具。钢笔工具可以对绘制的图形具有非常精确的控制，并对绘制的节点、节点的方向点等都可以很好地控制，因此，钢笔工具适合于喜欢精准设计的人员。如下图所示即为使用钢笔工具所绘制的图形。

1．画直线

选择"钢笔工具"后，每点击一下鼠标左键，就会产生一个锚点，并且同前一个锚点自动用直线连接，在绘制的同时，若按下【Shift】键，则将线段约束为45°的倍数，如下左图所示。

2．画曲线

钢笔工具最强的功能在于绘制曲线。添加新的线段时，在某一位置按下鼠标左键后不要松开，拖动鼠标，则新的锚点与前一锚点用曲线相连，并且显示控制曲率的切线控制点，如下右图所示的曲线形状。

3．曲线点与角点转换

若要将转角点转换为曲线点，使用"部分选取工具"选择该点，然后按住【Alt】键拖动该点来放置切线手柄；若要将曲线点转换为转角点，可用钢笔工具单击该点。

4．添加锚点

若要绘制更加复杂的曲线，则需要在曲线上添加一些节点。这时就要用到"添加锚点工具"，首先在钢笔工具组中选择该工具，之后笔尖对准要添加锚点的位置，指针的右上方出现一个加号标志，单击鼠标，则添加了一个锚点。

5．删除锚点

删除锚点与添加锚点正好相反，选择删除锚点工具后，将笔尖对准要删除了节点，指针的下面出现一个减号标志，表示可以删除该点，单击鼠标即可删除。

6．转换锚点

选择转换锚点工具，可以转换曲线上的锚点类型。当光标变为 形状时，将鼠标移至曲线上需操作的锚点上，单击鼠标，该锚点两边的曲线将转换为直线，调整直线即可转换锚点。

> **专家技巧** 巧妙结束曲线的绘制
>
> 要结束开放曲线的绘制，可以双击最后一个绘制的锚点或单击工具箱中的钢笔工具 ，也可以按住【Ctrl】键单击舞台中的任意位置；要结束闭合曲线的绘制，可以移动光标至起始锚点位置上，当光标显示为 形状时在该位置单击，即可闭合曲线并结束绘制操作。

02 线条工具

线条工具  是专门用来绘制直线的工具，选择工具箱中的线条工具，在舞台中按住鼠标左键并拖曳，当直线达到所需的长度和斜度时，释放鼠标即可。使用线条工具可以绘制出各种直线图形，并且可以选择直线的样式、粗细程度和颜色。

选择线条工具后，在其对应的"属性"面板中可以设置线条的属性，如右图所示。其中"属性"面板中各主要选项的含义如下：

(1) ：用于设置所绘线段的颜色。

(2) 笔触：用于设置线段的粗细。

(3) 样式：用于设置线段的样式。

(4) "编辑笔触样式"按钮：单击该按钮，将打开"笔触样式"对话框，从中可以对线条的粗细、类型等进行设置。

(5) 缩放：用于设置在Player中包含笔触缩放的类型。

(6) 提示：选中该复选框，可以将笔触锚记点保持为全像素，防止出现模糊线。

(7) 端点：用于设置线条端点的形状，包括"无"、"圆角"和"方形"。

(8) 接合：用于设置线条之间接合的形状，包括"尖角"、"圆角"和"斜角"。

> **知识链接** 直线的绘制技巧
>
> 在绘制直线时，按住【Shift】键可以绘制水平线、垂直线和45°斜线；按住Alt键，则可以绘制任意角度的直线。

03 铅笔工具

选择铅笔工具 ，在舞台上单击鼠标，按住鼠标不放并拖曳，即可绘制出线条。如果想要绘制平滑或者伸直的线条时，可以在工具箱下方的选项区域中为铅笔工具选择一种绘画模式，如右图所示。

铅笔工具的3种绘图模式的含义分别介绍如下：

伸直：进行形状识别。如绘制出近似的正方形、圆、直线或曲线，Flash将根据它的判断调整成规则的几何形状。

平滑：可以绘制平滑曲线。在"属性"面板可以设置平滑参数。

墨水：可较随意地绘制各类线条，这种模式不对笔触进行任何修改。

04 矩形工具与椭圆工具

在Flash CS6中，矩形工具组包括了多种常见的几何图形绘制工具，例如矩形工具、椭圆工具、基本矩形工具，以及基本椭圆工具等。下面将对这些工具进行详细介绍。

1．矩形工具

矩形工具█用来绘制长方形和正方形。选择工具箱中的矩形工具█，或按【R】键，即可调用矩形工具。选择工具箱中的矩形工具，在舞台中单击鼠标左键并拖曳，当达到合适的位置时，释放鼠标即可绘制矩形。在绘制矩形过程中，按住【Shift】键可以绘制正方形。

选择矩形工具，在其"属性"面板中可以设置矩形属性，例如填充和笔触等。在"矩形选项"区域中，可以设置矩形边角半径绘制圆角矩形，如右图所示。

2．椭圆工具

椭圆工具█是用来绘制椭圆或者圆形的工具，恰当地使用椭圆工具，可以绘制出各式各样简单却生动的图形。

选择工具箱中的椭圆工具或按【O】键，即可调用椭圆工具。选择椭圆工具，在舞台中按住鼠标左键并拖曳，当椭圆达到所需形状及大小时，释放鼠标即可绘制椭圆。在绘制椭圆之前或在绘制过程中，按住【Shift】键可以绘制正圆。

在椭圆"属性"面板中，同样可以对椭圆工填充和笔触等进行设置。在"椭圆选项"区域中，可以设置椭圆的开始角度、结束角度和内径等，如右图所示。

在椭圆选项区域中，各选项的含义介绍如下：

开始角度和结束角度：用来绘制扇形以及其他有创意的图形。

内径：参数值由0到99，为0时绘制的是填充的椭圆；为99时绘制的是只有轮廓的椭圆；为中间值时，绘制的是内径不同大小的圆环。

闭合路径：确定图形的闭合与否。

重置：重置椭圆工具的所有控件，并将在舞台上绘制的椭圆形状恢复为原始大小和形状。

3．基本矩形工具

基本矩形工具或基本椭圆工具和矩形工具或椭圆工具作用是一样的，但是前者在创建形状时与后者又有所不同，Flash CS6会将形状绘制为独立的对象。创建基本形状后，可以选择舞台上的形状，然后调整属性检查器中的控件来更改半径和尺寸。

在矩形工具组█上单击并按住鼠标按键，然后在弹出菜单中选择基本矩形工具█，在舞台上拖动鼠标，即可绘制基本矩形，此时绘制的矩形有四个节点，用户可以直接拖动节点或在"属性"面板的矩形选项中设置参数，即可改变矩形的边角，如右图所示。

使用选择工具选择基本矩形时，可在"属性"面板中进一步修改形状或指定填充和笔触颜色。

4. 基本椭圆工具

在矩形工具组上单击并按住鼠标左键，然后在弹出的菜单中选择基本椭圆工具，在舞台上拖动基本椭圆工具，即可绘制基本椭圆；通过按住【Shift】键并拖动鼠标，释放鼠标即可绘制正圆。此时绘制的图形有节点，用户可以直接拖动节点或在属性面板的椭圆选项中设置参数，即可改变形状，如右图所示。

> **知识链接** 图形的打散操作
>
> 通过基本矩形工具和基本椭圆工具创建的图形可以通过打散（选中后按【Ctrl+B】组合键）得到普通矩形和椭圆。

05 多角星形工具

在矩形工具组上单击并按住鼠标左键，然后在弹出的菜单中选择基本多角星形工具，直接在舞台上拖动多角星形工具，可创建图形。此时"属性"面板即显示多角星形的相关属性，可修改图形填充颜色和笔触等，如右图所示。

若单击"选项"按钮，则将打开如下左图所示的"工具设置"对话框，在此可修改图形的形状。

在工具设置对话框中的"样式"下拉菜单中可选择多边形和星形，在"边数"文本框中输入数据确定形状的边数。在选择星形样式时，可以通过改变星形顶点大小数值来改变星形的形状，如下右图所示。

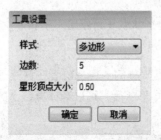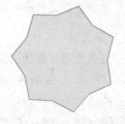

> **知识链接** 多角星形工具的使用技巧
>
> 星形顶点大小只针对星形样式，输入的数字越接近0，创建的顶点就越深。若是绘制多边形，则一般保持默认设置。

06 刷子工具

在Flash CS6中，刷子工具和铅笔工具很相似，都可以绘制任意形状的图形，但不同的是刷子工具绘制的形状是色块，同时还可以创建一些具有一定笔触效果的特殊填充。

在工具箱中选择刷子工具，或者按【B】键，即可调用刷子工具，其对应的属性面中，除了可以设置填充和笔触，还可以对绘制形状的平滑度进行设置。设置完成后，在舞台上拖动鼠标即可绘制需要的图形。

　　在刷子工具的选项区中，包括"对象绘制" ⦿、"锁定填充" ▣、"刷子模式" ⦿、"刷子大小" ● 和"刷子形状" ➖5个功能按钮。单击"刷子模式"按钮，可以在弹出的下拉菜单中选择一种涂色模式；单击"刷子大小"按钮，可以在弹出的下拉菜单中选择刷子的大小；单击"刷子形状"按钮，可以在弹出的下拉菜单中选择刷子的形状，其分别如下图所示。

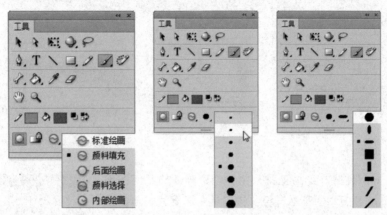

　　在"刷子模式"下拉菜单中，各命令的含义如下。

　　标准绘画：使用该模式绘图，在笔刷所经过的地方，线条和填充全部被笔刷填充所覆盖。

　　颜料填充：使用该模式只能对填充部分或空白区域填充颜色，不会影响对象的轮廓。

　　后面绘画：使用该模式可以在舞台上同一层中的空白区域填充颜色，不会影响对象的轮廓和填充部分。

　　颜料选择：必须要先选择一个对象，然后使用刷子工具在该对象所占有的范围内填充（选择的对象必须是打散后的对象）。

　　内部绘画：该模式分为3种状态。当刷子工具的起点和结束点都在对象的范围以外时，刷子工具填充空白区域；当起点和结束点有一个在对象的填充部分以内时，则填充刷子工具所经过的填充部分（不会对轮廓产生影响）；当刷子工具的起点和结束点都在对象的填充部分以内时，则填充刷子工具所经过的填充部分。

07　喷涂刷工具

　　喷涂刷工具类似于一个粒子喷射器，使用它可以将图案喷涂在舞台上。在默认情况下，工具将使用当前选定的填充颜色来喷射粒子点。同时该工具也可以将按钮元件、影片剪辑以及图形元件作为图案应用。

　　在工具箱中选择喷涂刷工具 📷后，在属性面板中将显示刷子工具的对应属性，如下左图所示。从中进行简单的设置后直接在舞台上单击鼠标左键，即可喷涂图案，如下右图所示的飘雪效果。

　　在喷涂刷属性面板中，各主要选项的含义介绍如下：

　　编辑：单击该按钮，弹出选择元件对话框，选择元件或影片剪辑作为喷涂刷粒子。

　　缩放宽度和缩放高度：设置用作喷射粒子的元件的宽度和高度。

　　随机缩放：设置按随即缩放比例将每个基于元件的喷涂粒子放置在舞台上，并改变每个粒子的大小。

旋转元件：围绕中心点旋转基于元件的喷涂粒子。

随机旋转：设置按随机旋转角度将每个基于元件的喷涂粒子放置在舞台上。

08 Deco工具

Deco工具是一个装饰性绘画工具，用于创建复杂的几何图案或高级动画效果。随着版本的不断升级，该工具有了更进一步的改进，其新增了很多应用效果。同时用户也可以使用图形或对象来创建更为复杂的图案。

在选择Deco绘画工具后，可以从如右图所示"属性"面板中选择并应用刷子效果。

在Flash CS6中，使用Deco工具可以绘制藤蔓式填充效果、网格填充效果、对称刷子效果、3D刷子效果、建筑物刷子效果、装饰性刷子效果、火焰动画效果、火焰刷子效果、花刷子效果、闪电刷子效果、粒子系统、烟动画效果、树刷子效果等13种图案。同时，每种效果都有其高级选项属性，用户可以通过改变高级选项参数来改变其显示效果，如下图所示分别为蔓式填充填充效果、网格填充效果以及树刷子效果。

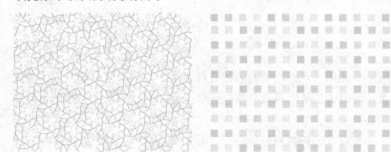 

Section 03 颜色填充工具

在Flash CS6中，提供了多种填充颜色的工具，例如颜料桶工具、墨水瓶工具等，利用这些工具可以制作出丰富的填充效果，本节将进行详细介绍。

01 颜料桶工具

颜料桶工具用于给工作区内有封闭区域的图形填色。无论是空白区域还是已有颜色的区域，都可以填充。如果进行恰当的设置，颜料桶工具还可以给一些没有完全封闭的图形区域填充颜色。

选择工具箱中的颜料桶工具或者按【K】键，即可调用颜料桶工具。此时，工具箱中的选项区中显示"锁定填充"按钮和"空隙大小"按钮。若单击"锁定填充"按钮，则当使用渐变填充或者位图填充时，可以将填充区域的颜色变化规律锁定，作为这一填充区域周围的色彩变化规范。

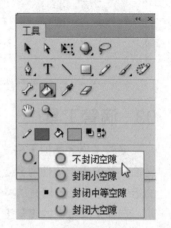

单击空隙大小按钮右下角的小三角形，在弹出的下拉菜单中包括了用于设置空隙大小的4种模式（如右图所示），其中各选项含义如下。

不封闭空隙：选择该命令，只填充完全闭合的空隙。

封闭小空隙：选择该命令，可填充具有小缺口的区域。

封闭中等空隙：选择该命令，可填充具有中等缺口的区域。

封闭大空隙：选择该命令，可填充具有较大的区域。

02 墨水瓶工具

墨水瓶工具的功能主要用于改变当前线条的颜色（不包括渐变和位图）、尺寸和线型等，或者为无线的填充增加线条。换句话说，墨水瓶工具用于为填充色描边，其中包括笔触颜色、笔触高度与笔触样式的设置。

选择工具箱中的墨水瓶工具或者按【S】键，即可调用墨水瓶工具。墨水瓶工具只影响矢量图形。

1. 为填充色描边

选择墨水瓶工具，在"属性"面板中设置笔触参数，舞台区域中鼠标变成墨水瓶的样子，在需要描边的填充色上方单击，即可为图形描边，如下图所示为描边前后的效果。

2. 为文字描边

选择墨水瓶工具，在"属性"面板中设置笔触参数，在打散（按Ctrl＋B组合键）的文字上方单击，即可为文字描边，如下图所示为描边前后的效果。

03 滴管工具

滴管工具 类似于格式刷工具，使用它可以从舞台中指定的位置拾取填充、位图、笔触等的颜色属性，并应用于其他对象上。在将吸取的渐变色应用于其他图形时，必须先取消"锁定填充"按钮 的选中状态，否则填充的将是单色。

选择工具箱中的滴管工具或按【I】键，即可调用滴管工具。

（1）提取填充色属性

选取滴管工具，当光标靠近填充色时单击，即可获得所选填充色的属性，此时光标变成墨水瓶的样子，如果单击另一个填充色，即可改变这个填充色的属性。

（2）提取线条属性

选择滴管工具，当光标靠近线条时单击，即可获得所选线条的属性，此时光标变成墨水瓶的样子，如果单击另一个线条，即可改变这个线条的属性。

（3）提取渐变填充色属性

选取滴管工具，在渐变填充色上方单击，提取渐变填充色，此时在另一个区域中单击即可应用提取的渐变填充色。

（4）位图转换为填充色

滴管工具不但可以吸取位图中的某个颜色，而且可以将整幅图片作为元素，填充到图形中。

✖ 例2-1 绘制QQ表情

Step 01 新建文档并设置其属性，然后将"图层1"重命名为"背景"，接着将"背景.jpg"导入舞台并对其进行调整，如下左图所示。

Step 02 在"背景"层上方新建"身体"图层，使用钢笔工具绘制头部线条，并调整其锚点，设置笔触为3，颜色为"黑色"，如下右图所示。

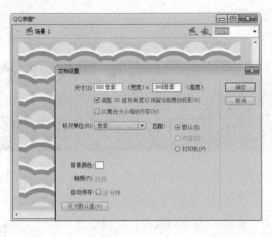 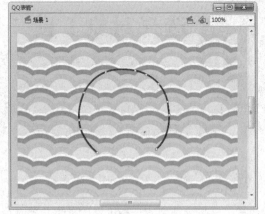

Step 03 参照步骤2中头部的绘制方法，在头部下方绘制出手臂线条和身体轮廓，如下左图所示。

Step 04 在工具箱中选择颜料桶工具，并设置其填充色为#FEFEFE，然后对所绘图形实施填充操作，如下右图所示。

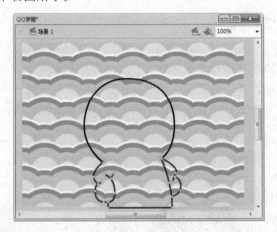 

Step 05 在"身体"图层上方新建"表情"图层。然后利用钢笔工具在头部区域绘制出眼睛、眉毛以及嘴巴，如下左图所示。

Step 06 使用颜料桶工具分别为眼珠子填充黑色，为嘴巴填充粉色（#D57B7B）。最后Ctrl+S组合键保存该动画，如下右图所示。

Section 04 选择对象工具

在编辑图形之前，首先要选择图形，在Flash CS6中，提供了多种选择对象的工具。例如选择工具、部分选取工具以及套索工具等。本节将对这几种常用的选择工具进行介绍。

01 选择工具

选择工具是最常用的一种工具。当用户要选择单个或多个整体对象时，包括形状、组、文字、实例和位图等，可以使用选择工具。

选择工具箱中的选择工具或者按【V】键，即可调用选择工具。

1. 选择单个对象

使用选择工具，在要选择的对象上单击鼠标左键即可。

2. 选择多个对象

先选取一个对象，按住【Shift】键不放，然后依次单击每个要选取的对象，如下左图所示。如果在"首选参数"对话框中取消勾选"使用Shift键连续选择"复选框，则可以用鼠标依次单击每一个要选取的对象；或者在空白区域按住鼠标左键不放，拖曳出一个矩形范围，将要选择的对象都包含在矩形范围内，如下右图所示。

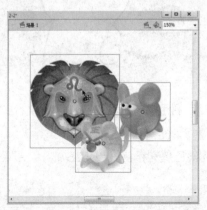 

3. 双击选择图形

使用选择工具，在对象上双击鼠标左键即可将其选中。若在线条上双击鼠标，则可以将颜色相同、粗细一致、连在一起的线条同时选中，如下图所示。

4. 取消选择对象

若使用鼠标单击工作区的空白区域，则取消对所有对象的选择；若在已经选择的多个对象中取消对某个对象的选择，则可以先按住【Shift】键，再使用鼠标单击该对象即可。

5. 移动对象

使用选择工具指向已经选择的对象时，鼠标指针变为形状，按下鼠标左键并拖曳，即可将对象拖到其他位置。

02 部分选取工具

部分选取工具用于选择矢量图形上的节点。例如，当要选择对象的节点，并对节点进行拖曳、或调整路径方向时，就可以使用部分选取工具。

选择工具箱中的部分选取工具或者按【A】键，即可调用选取部分工具。在使用部分选取工具时，不同的情况下鼠标的指针形状也不同：

(1) 当鼠标指针移到某个节点上时，鼠标指针变为形状，这时按住鼠标左键拖动可以改变该节点的位置。

(2) 当鼠标指针移到没有节点的曲线上时，鼠标指针变为形状，这时按住鼠标左键拖动可以移动整个图形的位置。

(3) 当鼠标指针移到节点的调节柄上时，鼠标指针变为形状，按住鼠标左键拖动可以调整与该节点相连的线段的弯曲程度。

03 套索工具

当要选择打散对象的某一部分时，可以使用套索工具，套索工具主要用于选取不规则的物体。选择套索工具后，按住鼠标左键并拖拽，圈出要选择的范围，接着释放鼠标左键，Flash会自动选取套索工具圈定的封闭区域，当线条没有封闭时，Flash将用直线连接起点和终点，自动闭合曲线，如下图所示。

选择套索工具后，在工具栏的下方出现三个按钮，分别是"魔术棒"按钮、"魔术棒设置"按钮和"多边形模式"按钮。

(1) "魔术棒"按钮：该按钮主要用于对位图的操作。该按钮不但可以用于沿对象轮廓进行较大范围的选取，还可对色彩范围进行选取。

(2) "魔术棒设置"按钮：该按钮主要对魔术棒选取的色彩范围进行设置。单击该按钮，弹出"魔术棒设置"对话框（如右图所示），在该对话框中，"阈值"用于定义选取范围内的颜色与单击处像素颜色的相近程度，数值和容差的范围成正比，"平滑"用于指定选取范围边缘的平滑度，包括像素、粗略、一般和平滑。

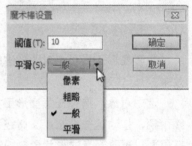

(3) "多边形模式"按钮：该按钮主要用于对不规则图形进行比较精确的选取。单击该按钮，套索工具进入多边形模式，每次单击鼠标就会确定一个端点，最后鼠标回到起始处双击，形成一个多边形，即选择的范围。

Section 05 编辑图形对象

在Flash中，通过绘图工具绘制的图形有时并不能满足用户的需求，往往需要用到各种编辑工具对图形进行修改编辑，使得图形更加完美。例如变形、旋转图形等。对图形进行变形操作，可以调整图形在设计区中的比例，或者协调其与其他设计区中的元素关系。

01 扭曲对象

任意变形工具是功能强大的编辑工具，利用他可以对图形进行倾斜、翻转、扭曲等操作。选择任意变形工具后，在工具箱下方会出现5个按钮，分别是"紧贴至对象"按钮、"旋转与倾斜"按钮、"缩放"按钮、"扭曲"按钮、"封套"按钮，如右图所示。

扭曲工具可以对图形进行扭曲变形，增强图形的透视效果。选择任意变形工具，单击"扭曲"按钮，当对选定对象进行扭曲变形，鼠标变为形状时，拖动边框上的角控制点或边控制点来移动角或边，如下图所示。

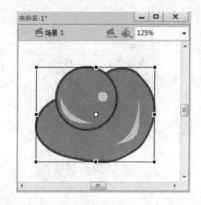 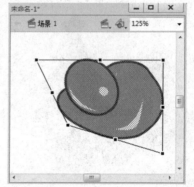

🔄 **知识链接**　妙用任意变形工具

在拖动角控制点时，若按住【Shift】键，鼠标变为形状时，则可对对象进行锥化处理；若按住【Ctrl】键拖动边的中点，则可以任意移动整个边。扭曲变形工具只对在场景中绘制的图形有效，对位图和元件无效。

02 封套对象

封套变形工具可以对图形进行任意形状的修改，弥补了扭曲变形工具在某些局部无法达到的变形效果。

选中对象，选择任意变形工具，并单击"封套"按钮，在对象的四周会显示若干控制点和切线手柄，拖动这些控制点及切线手柄，即可对对象进行任意形状的修改。封套变形工具把图形"封"在里面，更改封套的形状会影响该封套内的对象的形状。用户可以通过调整封套的点和切线手柄来编辑封套形状，如下图所示。

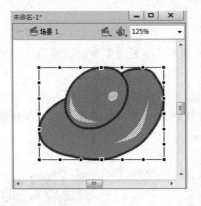
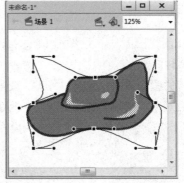

03 缩放对象

　　缩放工具可以在垂直或水平方向上缩放对象，还可以在垂直和水平方向上同时缩放。选中要缩放的对象，选择工具面板中的"任意变形工具" ，单击"缩放"按钮 ，对象四周会显示控制点，拖动对象某条边上的中点可将对象进行垂直或水平的缩放，拖动某个角点，则可以使对象在垂直和水平方向上同时进行缩放，如下图所示。

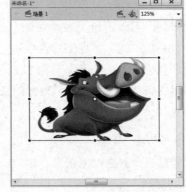

04 旋转与倾斜对象

　　旋转与倾斜工具可以对对象进行旋转和倾斜操作。选中对象，选择"任意变形工具" ，单击"旋转与倾斜"按钮 ，对象四周会显示控制点，当鼠标指针移至任意一个角点上，鼠标指针变为 形状时，拖动鼠标即可对选中的对象进行旋转，如下左图所示。当鼠标指针移至任意一边的中点上，鼠标指针变为 或 形状时，拖动鼠标即可对选中的对象进行垂直或水平方向的倾斜，如下右图所示。

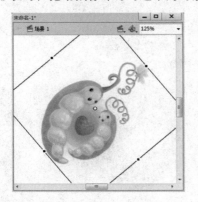
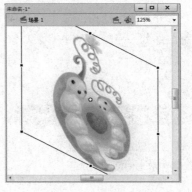

05 翻转对象

　　使用FlashCS6制作图像时，用户可以通过菜单命令，使所选对象进行垂直或水平翻转，而不改变对象在舞台上的相对位置。

　　选择需要翻转的图形对象，选择"修改>变形>水平翻转"命令，即可将图形进行水平翻转。选择需要翻转的图形对象，选择"修改>变形>垂直翻转"命令，即可将图形进行垂直翻转，如下图所示分别是将原图执行了水平翻转与垂直翻转的操作。

06 合并对象

　　在绘制矢量图形时，可以进行"对象绘制"。即使用椭圆工具、矩形工具和刷子工具绘图时，单击"对象绘制"按钮◙，就可以在工作区中进行对象绘制了。在FlashCS6中，可选择"修改>合并对象"菜单中的"联合"、"交集"、"打孔"等子命令，合并或改变现有对象来创建新形状。一般情况下，所选对象的堆叠顺序决定了操作的工作方式。

1. 联合对象

　　选择"修改>合并对象>联合"命令，可以将两个或多个形状合成一个对象绘制图形，如右图所示为联合前后的效果。

2. 交集对象

　　选择"修改>合并对象>交集"命令，可以讲两个或多个形状重合的部分创建为新形状，生成的形状使用堆叠中最上面的形状的填充和笔触。如右图所示为交集对象前后的效果。

3. 打孔对象

　　选择"修改>合并对象>打孔"命令，可以删除所选对象的某些部分，这些部分由所选对象的重叠部分决定，如右图所示。

 打孔对象的妙用

　　打孔命令，将删除由最上面形状覆盖的形状的任何部分，并完全删除最上面的形状。

4. 裁切对象

裁切命令与交集命令的效果比较相似，选择"修改>合并对象>裁切"命令，可以使用一个对象的形状裁切另一个对象。又上面的对象定义裁切区域的形状，如右图所示。

 知识链接 交集与裁剪命令的区别

交集命令与裁切命令比较类似，区别在于交集命令是保留上面的图形，裁切命令是保留下面图形。

5. 删除封套

如果使用封套工具将绘制的图形变形，选择"修改>合并对象>删除封套"命令，可以将图形中使用的封套删除，如右图所示。需要注意的是，此选项只适用于对象绘制模式。

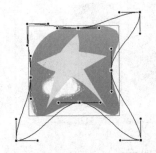

07 组合和分离对象

在制作Flash动画过程中，如果对多个元素进行移动或者变形等操作，可以将其进行组合，这样可以节省编辑的时间。

1. 组合对象

组合就是将图形块或部分图形组成一个独立的单元。使其与其他的图形内容不互相干扰，以便于绘制或进行再编辑。

图形在组合后成为一个独立的整体，可以在舞台上任意拖动而其中的图形内容及周围的图形内容不会发生改变。组合后的图形可以与其他图形或组被再次组合，从而得到一个复杂的多层组合图形。同时，一个组成中可以包含多个组合及多层次的组合。

选择"修改>组合"命令，或者【Ctrl+G】组合键即可将选择的对象进行组合，如下图所示为组合前后的效果。

如果需要对组中的单个对象进行编辑，可以通过"取消组合"命令或者按【Ctrl+Shift+G】组合键，将组对象进行解组。除此之外，还可以再对象上双击左键，进入该组的编辑状态。

2．分离对象

分离命令与组合命令的作用正好相反。它可以将己有的整体图形分离为可进行编辑的矢量图形，使用户可以对其再进行编辑。在制作变形动画时，需用分离命令将图形的组合、图像、文字或组件转变成图形。

选择"修改>分离"命令，或按【Ctrl+B】组合键，即可分离选择的对象，如下图所示为元件分离前后的效果。

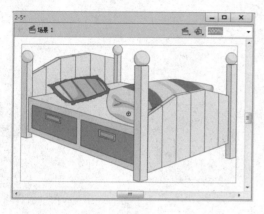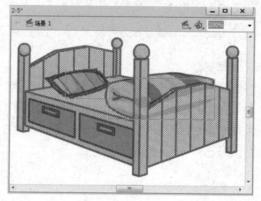

08　排列和对齐对象

在制作动画的过程中，将影片中的图形整齐排列、匀称分布，可以使画面的整体效果更加美观。下面将具体介绍如何使用排列和对齐命令对图形对象进行排列、对齐或层叠。

1．排列对象

在同一图层中，Flash中的对象按照创建的先后顺序分别位于不同的层次出现在场景中，将最新创建的对象放在最上面。但用户可以在任何时候更改对象的层叠顺序。

选择"修改>排列"命令，在弹出的菜单中选择需要的选项（如右图所示），调整所选图形的排列顺序。

需要强调的是，对于画出来的线条和形状总是在组和元件的下面。如果需要将它们移动到上面，就必须组合它们或者将它们变成元件。

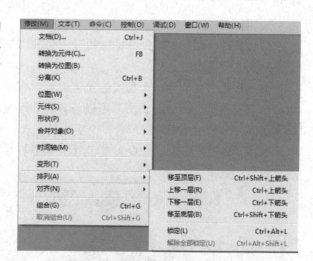

知识链接　调整图层顺序改变图形的排列顺序

图层也会影响层叠顺序，上层的任何内容都在底层的任何内容之前。要更改图层的顺序，可以在时间轴中将层名拖动到需要的位置。如下图所示是调整图层位置前后的效果。

2. 对齐对象

在进行多个图形的位置移动时，选择"修改>对齐"命令菜单中的系列命令（如右图所示），调整所选图形的相对位置关系，从而将杂乱分部的图形整齐排列在舞台中。

在进行对齐和分布操作时，用户还可以开启"对齐"面板，选择"窗口>对齐"命令或者按【Ctrl+K】组合键，即可打开"对齐"面板。

在选取图形后，按面板中对应的功能按钮，完成对图形位置的相应调整。对齐工具不仅能够完成的对齐，还可以对对象的间隔进行平均分布，使对象任意的进行对齐排列。

在如右图所示的"对齐"面板中，包括对齐、分布、匹配大小、间隔和与舞台对齐共5个功能区，下面将分别介绍这5个功能区中各按钮的含义及应用。

（1）对齐

对齐是指按照某种方式来排列对齐对象。在该功能区中，包括左对齐、水平对齐、右对齐、顶对齐、垂直居中以及底对齐。

（2）分布

分布是指将舞台上间距不一的图形，均匀地分布在舞台中，使画面效果更加美观。在默认状态下，均匀分布图形将以所选图形的两端为基准，对其中的图形进行位置调整。

在该功能区中，包括顶部分布、垂直居中分布、底部分布、左侧分布、水平居中分布以及右侧分布。

（3）匹配大小

在该功能区中，包括匹配宽度、匹配高度、匹配宽和高，可将选择的对象分别进行水平缩放、垂直缩放、等比例缩放，其中最左侧的对象是其他所选对象匹配的基准。

（4）间隔

间隔与分布有些相似，但是分布的间距标准是多个对象的同一侧，而间距则是相邻两对象的间距。在该功能区中，包括垂直平均间隔、水平平均间隔，可使选择的对象在垂直方向或水平方向的间隔距离相等。

（5）与舞台对齐

当勾选该复选框时，选择对象后，可使对齐、分布、匹配大小、间隔等操作以舞台为基准。在执行该操作时，对齐的边缘是由每个选定的对象外围边框决定的。

Section 06 修饰图形对象

对绘制好的图形进行修饰是非常有必要的，比如改变原图形的形状、线条等，以及将多个图形组合起来，以达到所最佳的表现效果。

01 优化曲线

优化功能通过改进曲线和填充的轮廓，减少用于定义这些元素的曲线数量来平滑曲线。优化操作还可以减小Flash文件的大小。

✖ 例2-2 优化图形操作

Step 01 选中要优化的图形，选择"修改>形状>优化"命令，立即弹出"优化曲线"对话框，如下左图所示。

Step 02 从中进行相应的设置并单击"确定"按钮。在随后打开的对话框中单击"确定"按钮，如下右图所示。

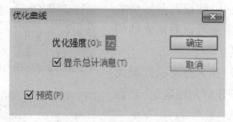
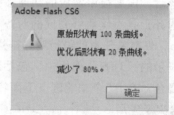

Step 03 返回编辑区，即可发现选中的线条已经被优化，如下图所示为优化前后的效果对比。

🔄 知识链接 "优化曲线"对话框的介绍

在"优化曲线"对话框中，各参数的含义介绍如下：
（1）优化强度：在数值框中输入数值设置优化强度。
（2）显示总计消息：勾选该复选框，在完成优化操作时，将弹出提示对话框。

02 扩展填充

选择"修改>形状>扩展"填充命令，弹出"扩展填充"对话框，如右图所示。在该对话框中，设置图形扩展填充的距离和方向，可以对所选图形的外形进行修改。

1．扩展填充

扩展是指以图形的轮廓为界，向外扩展、放大填充。选中图形的填充颜色，选择"修改>形状>扩展填充"命令，弹出扩展填充对话框，方向选择扩展，设置完成后单击"确定"按钮，填充色向外扩展。如下图所示。

2．插入填充

插入是指以图形的轮廓为界，向内收紧、缩小填充。选择"修改>形状>扩展填充"命令，弹出扩展填充对话框，方向选择插入，设置完成后单击"确定"按钮，填充色向内收缩，如下图所示。

03 柔化填充边缘

与扩展填充命令相似，都是对图形的轮廓进行放大或缩小填充。不同的是柔化填充边缘可以在填充边缘产生多个逐渐透明的图形层，形成边缘柔化的效果，例如制作雪花、月光等效果。

选择"修改>形状>柔化填充边缘"命令，在弹出的"柔化填充边缘"对话框中设置边缘柔化效果，如右图所示。

在"柔化填充边缘"对话框中，各参数含义如下。

距离：边缘柔化的范围，值越大，则柔化越宽，以像素为单位。

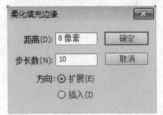

步长数：柔化边缘生成的渐变层数。步长数越多，效果就越平滑。

方向：选择边缘柔化的方向，选择"扩展"按钮，则向外扩大柔化边缘；选择"插入"按钮，则向内缩小柔化边缘。如下图所示分别为向外柔化填充边缘与向内柔化填充边缘的效果。

设计师训练营 设计卡通形象

下面将通过以卡通形象的设计为例，来巩固和温习前面所学的知识，以达到学以致用的目的。

Step 01 新建一个Flash文档，设置其舞台大小为425x575像素，以"卡通人物"为名称保存文件，如下左图所示。

Step 02 将"图层1"重命名为"背景"。接着新建图层"脸"，使用椭圆工具，绘制一个椭圆，如下右图所示。

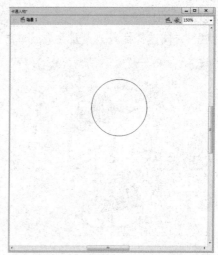

Step 03 选择钢笔工具，在按住【Ctrl】键的同时单击椭圆进入编辑状态，调整锚点和控制柄。选择颜料桶工具，填充脸部颜色，并将其转换为元件，如下左图所示。

Step 04 新建图层"刘海"，选择钢笔工具，设置笔触为1，颜色为黑色，绘制刘海并调整锚点位置，如下右图所示。

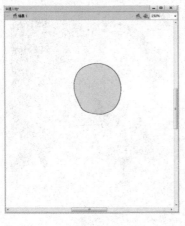 

Step 05 选择颜料桶工具，为刘海填充颜色，并将其转化为元件，如下左图所示。

Step 06 新建图层"头发"，选择钢笔工具，设置笔触为1，颜色为黑色，绘制头发，效果如下右图所示。

Step 07 选择颜料桶工具，为头发填充颜色，并将其转化为元件，如下左图所示。

Step 08 在图层"脸"上方新建图层"眼"，然后选择直线工具绘制眉毛。并使用颜料桶工具填充颜色（#626898），如下右图所示。

Step 09 选择钢笔工具，设置笔触为1，颜色为黑色，绘制眼睛，如下左图所示。

Step 10 选择颜料桶工具，为眼睛填充渐变颜色（#2b2d4a、#a1abf0），如下右图所示。

Step 11 选择椭圆工具，绘制白色（#ffffff）、蓝色（#201d41）两个椭圆，并调整其位置，如下左图所示。

Step 12 选中并复制左眼，接着将其向右移动至合适位置，以得到另外一只眼睛，如下右图所示。

Step 13 新建图层"鼻子"，选择直线工具，设置颜色为#D29372，绘制形状，将线条转换为填充，并调整其形状，如下左图所示。

Step 14 新建图层"嘴"，选择直线工具，设置颜色为黑色，绘制如下右图所示的图形。

Step 15 在"背景"图层上方新建图层"下半身"，选择铅笔工具和直线工具，绘制下半身及配饰，并使用选择工具和转换锚点工具进行调整，如下左图所示。

Step 16 选择颜料桶工具，对下半身填充不同的颜色，并设置其颜色效果，如下右图所示。

Step 17 在"下半身"图层上方新建图层"剑"，选择直线工具绘制图形，并使用选择工具和转换锚点工具进行调整，如下左图所示。

Step 18 选择颜料桶工具，为剑填充线性渐变颜色（#9e9e9e、#ffffff），如下右图所示。

 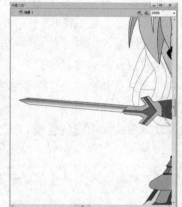

Step 19 在"背景"图层上导入背景图片，并对其进行调整，至此完成该动画人物的设计，最终效果如右图所示。

1. 选择题

(1) 显示标尺的方法是（　　）。

　　A. 选择"插入 > 标尺"命令　　　　　B. 选择"窗口 > 标尺"命令

　　C. 选择"编辑 > 标尺"命令　　　　　D. 选择"视图 > 标尺"命令

(2) 若使用铅笔工具绘制平滑的线条，应该选择（　　）模式。

　　A. 伸直　　　　　　B. 平滑　　　　　C. 墨水　　　　　D. 对象绘制

(3) 以下（　　）工具可以对图形进行变形操作。

　　A. 选择工具　　　　　　　　　　　B. 部分选取工具

　　C. 橡皮擦工具　　　　　　　　　　D. 任意变形工具。

(4) 要从一个比较复杂的图像中选取不规则的一小部分图形，应该使用（　　）。

　　A. 选择　　　　　　B. 套索　　　　　C. 滴管　　　　　D. 颜料桶

2. 填空题

(1) 在制作动画时，需要对某些对象进行精确定位时，可以使用标尺、_____、_____辅助工具。

(2) 在"刷子模式"下拉菜单中，在舞台上同一层中的空白区域填充颜色，不会影响对象的轮廓和填充部分的是_____模式。

(3) 钢笔工具主要用于绘制常见复杂的曲线条。除此之外，还可以进行_____、_____、将节点转化到角点以及删除节点等。

(4) 利用滴管工具，可以从舞台中指定的位置拾取_____、_____、笔触等的颜色属性而应用于其他对象上。

(5) 优化功能通过改进曲线和填充的轮廓，减少用于定义这些元素的_____来平滑曲线。

3. 上机题

综合使用Flash CS6工具箱中的工具绘制如下图所示的图形。

操作提示

① 使用矩形工具、颜料桶工具绘制背景。

② 使用钢笔工具绘制水草。

③ 使用钢笔工笔绘制鱼图形。

④ 利用颜料桶工具为鱼填充颜色。

Chapter

03

文本的创建与编辑

文本是Flash作品中不可或缺的元素，通过文本可以更直观地表达作者所要表现的思想，文字与画面的完美结合会更加吸引人们的眼球。在Flash CS6中可以以多种方式添加文本，包括静态文本、动态文本等，以及文本样式的设置等。熟练使用文本工具也是掌握Flash的一个关键。

重点难点
- 文本工具的使用方法
- 文本样式的设置方法
- 文本的编辑技巧
- 滤镜功能的应用

Section 01 创建文本

在FlashCS6中，文本工具的使用与工具栏中其他工具的使用是一样的，只需选择工具箱中的文本工具 T 或者按【T】键即可调用。使用文本工具创建的文本中包含两类，即传统文本和TLF文本。其中，传统文本又包括静态文本、动态文本、输入文本3种。

01 静态文本

静态文本在动画运行期间是不可以编辑修改的，它是一种普通文本。静态文本主要用于文字的输入与编排，起到解释说明的作用。静态文本是大量信息的传播载体，也是文本工具的最基本功能。静态文本的属性面板如右图所示。

创建文本可以通过文本标签和文本框两种方式。它们之间最大的区别就是有无自动换行功能。

1. 文本标签

选择文本工具后，在舞台上单击鼠标左键，即可看到一个右上角有小圆圈的文字输入框，即文本标签。在文本标签中不管输入多少文字，文本标签都会自动扩展，而不会自动换行，如下左图所示。

用户若需要换行，则应按【Enter】键。

2. 文本框

选择文本工具后，在舞台区域中单击鼠标左键并拖拽，将出现一个虚线文本框，调整文本框的宽度，释放鼠标后将得到一个文本框，此时可以看到文本框的右上角出现了一个小方框。这说明文本框已经限定了宽度，当输入的文字超过限制宽度时，Flash将自动换行，如下右图所示。

通过鼠标拖拽可以随意调整文本框的宽度，如果需要对文本框的尺寸进行精确地调整，可以在属性面板中输入文本框的宽度与高度值。

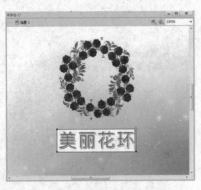 

 知识链接 巧妙转换文本输入方式

如果双击文本框右上角的小方框，即转变为文本标签输入模式。

02 动态文本

动态文本是一种比较特殊的文本，在动画运行的过程中可以通过ActionScript脚本进行编辑修改。动态文本可以显示外部文件的文本，主要应用于数据的更新。在Flash中制作动态文本区域后，接着创建一个外部文件，并通过脚本语言使外部文件链接到动态文本框中。若需要修改文本框中的内容，则只需更改外部文件中的内容。

在"属性"面板的"文本类型"下拉列表框中选择"动态文本"选项，即可切换到动态文本输入状态，如右图所示。在动态文本的"属性"面板中，各主要选项的含义介绍如下。

实例名称：在Flash中，文本框也是一个对象，这里就是为当前文本指定一个对象名称。

行为：当文本包含的文本内容多于一行的时候，使用"段落"栏中的"行为"下拉列表框，可以使用单行、多行（自动回行）和多行进行显示。

将文本呈现为HTML：在"字符"栏中单击 按钮，可制定当前的文本框内容为HTML内容，这样一些简单的HTML标记就可以被Flash播放器识别并进行渲染了。

在文本周围显示边框：在"字符"栏中单击 按钮，可显示文本框的边框和背景。

变量：在该文本框中，可输入动态文本的变量名称。

03 输入文本

输入文本主要应用于交互式操作的实现，目的是让浏览者填写一些信息以达到某种信息交换或收集目的。例如，常见的会员注册表、搜索引擎或个人简历表等。选择输入文本类型后创建的文本框，在生成Flash影片时，可以在其中输入文本。

在"属性"面板中的"文本类型"下拉列表框中选择"输入文本"选项，即可切换到输入文本所对应的"属性"面板，如右图所示。

在输入文本类型中，对文本各种属性的设置主要是为浏览者的输入服务的。例如，当浏览者输入文字时，会按照在"属性"面板中对文字颜色、字体和字号等参数的设置来显示输入的文字。

知识链接　用*号替换输入的文本

在创建输入文本时，在其属性对话框中的"行为"下拉列表框中还包括"密码"选项，若选择该选项后，则用户的输入内容将全部用"*"进行显示。

设置文本样式

在创建文本内容后，用户还可以对文本的样式进行设置。文本的基本样式包括消除文本锯齿、设置文字属性、创建文本链接和设置段落格式。例如字体属性包括字体系列、磅值、样式、颜色、字母间距、自动字距微调和字符位置等。

01 设置文字属性

在舞台中输入文本，选择文本即可在"属性"面板中修改文本属性。字符属性主要包括些列、样式、颜色、大小等。

选择文字工具，在"属性"面板中可以看到相应的字符属性，如右图所示。在字符选区中，各主要选项含义如下。

系列：用于设置文本字体。

样式：用于设置常规、粗体或斜体等。一些字体还可能包含其他样式，如黑体、粗斜体等。

大小：设置文本的大小，以像素为单位。

字母间距：设置字符之间的距离，单击后可直接输入数值来改变间距。

颜色：设置文本的颜色。

自动调整字距：在特定字符之间加大或缩小距离。勾选自动调整字距，使用字体中的字距微调信息。取消自动调整字距，忽略字体中的字距微调信息，不应用字距调整。

消除锯齿：包括使用设备字体、位图文本（无消除锯齿）、动画消除锯齿、可读性消除锯齿以及自定义消除锯齿，选择不同的选项可以看到不同的字体呈现方法。

02 设置段落格式

在Flash CS6中，可以在"属性"面板的"段落"栏中设置段落文本的缩进、行距、左边距和右边距等，如右图所示。

其中，各选项的含义介绍如下。

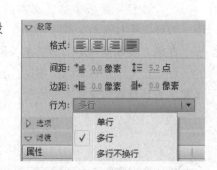

格式：用于设置文本的对齐方式。

缩进：设置段落首行缩进的大小。

行距：设置段落中相邻行之间的距离。

边距：设置段落左右边距的大小。

行为：设置段落单行、多行或者多行不换行。

03 为文本添加超链接

通过"属性"面板，还可以为文本添加链接，单击该文本可以跳转到指定文件、网页等界面。

选中文本，打开"属性"面板，在选项区域中的链接文本框内输入相应的链接的地址，如下左图所示。按【Ctrl+Enter】组合键测试影片，当鼠标指针经过链接的文本时，鼠标将变成小手形，随后单击即可打开所链接的页面，如下右图所示。

Section 03 文本的分离与变形

在FlashCS6中，可以对文本进行分离、变形等编辑，本节将对其相关知识进行介绍。

01 分离文本

在Flash CS6中，可以将文本分离成为一个独立的对象进行编辑。当分离成单个字符或填充图像时，便可以制作每个字符的动画或为其设置特殊的文本效果。

选中文本内容后，选择"修改>分离"命令或按【Ctrl+B】组合键，即可实现文本的分离，如下图所示。

🔄 **知识链接** 将文本分离为填充图形

按两次【Ctrl+B】组合键，可以将文本分离为填充图形。同时，文本分离为填充图像后，就不在具有文本的属性。

02 文本变形

在进行动画创作的过程中，用户也可以像变形其他对象一样对文本进行变形操作，例如对文本进行缩放、旋转和倾斜等操作。

1. 缩放文本

在编辑文本时，用户除了可以在"属性"面板中设置字体的大小外，还可以使用任意变形工具，对文本进行整体缩放变形。

首先选中文本内容，选择任意变形工具，将鼠标移动到轮廓线上的控制点处，按住鼠标左键并拖动鼠标，即可对选中的文本进行缩放，如下图所示。

2. 旋转与倾斜

将鼠标指针放置在不同的控制点上，鼠标指针的形状也会发生变化。选中文本，选择任意变形工具，将鼠标指针放置在变形框的任意角点上，当鼠标指针变为↻形状时，可以旋转文本块，如下左图所示。将鼠标指针放置在变形框边上中间的控制点上，当鼠标指针变为⇕或⇔形状时，可以上下或左右倾斜文本块，如下右图所示。

3. 水平翻转和垂直翻转

选择文本，在菜单栏中选择"修改>变形>水平翻转"或"垂直翻转"命令，即可实现对文本对象的翻转操作，如下图所示。

03 对文字进行局部变形

将文本分离为填充图像后，可以非常方便的改变文字的形状。

选中文本并按两次【Ctrl+B】组合键，将文本彻底分离为填充图形。单击工具箱中任意变形工具，在准备变形的文本局部上，单击鼠标左键并进行拖拽，即可对文本进行局部变形，如下图所示。

Section 04 滤镜功能的应用

滤镜是一种对对象的像素进行处理以生成特定效果的方法。例如，应用模糊滤镜，使对象的边缘显得柔和。滤镜只能对文本、影片剪辑、按钮增添有趣的视觉效果。

01 滤镜的基本操作

在Flash CS6中，用户可以直接从"属性"面板中的"滤镜"栏中为对象添加滤镜。在舞台上选择要添加滤镜的对象，在"属性"面板中展开"滤镜"栏，在面板底部单击"添加滤镜"按钮，在弹出的快捷菜单中选择一种滤镜（如右图所示），然后设置相应的参数即可。

02 设置滤镜效果

使用滤镜可以制作出许多特殊的效果，包括投影、模糊、发光、斜角、渐变发光、渐变斜角和调整颜色等效果。下面将具体对其进行介绍。

1. 投影

投影滤镜用于模拟对象投影到一个表面的效果，使其具有立体感觉。在投影选项中，可以对投影的模糊值、强度、品质、角度、距离等参数进行设置，形成不同的视觉效果。

2. 模糊

模糊滤镜可以柔化对象的边缘和细节，使编辑对象具有运动的感觉。在滤镜区域中，单击面板底部的"添加滤镜"按钮，在弹出的快捷菜单中选择"模糊"选项即可。

3．发光

发光滤镜可以使对象的边缘产生光线投射效果，为对象的整个边缘应用颜色，既可以使对象的内部发光，也可以使对象的外部发光。在发光选项中，可以对模糊、强度、品质等参数进行设置。

4．斜角

应用斜角就是向对象应用加亮效果，使其看起来凸出于背景表面，使对象制作出立体的浮雕效果，还可以创建内斜角、外斜角和全部斜角。在斜角设置面板中，可以对模糊、强度、品质、阴影、角度、距离以及类型等参数进行设置。

5．渐变发光

应用渐变发光，可以在对象表面产生带渐变颜色的发光效果。渐变发光要求渐变开始处颜色的Alpha值为0，用户可以改变其颜色，但是不能移动其位置。渐变发光和发光的主要区别在于发光的颜色，且渐变发光滤镜效果可以添加多种颜色。

6．渐变斜角

渐变斜角滤镜效果与斜角滤镜效果相似，使编辑对象表面产生一种凸起效果。但是斜角滤镜效果只能够更改其阴影色和加亮色两种颜色，而渐变斜角滤镜效果可以添加多种颜色。渐变斜角中间颜色的Alpha值为0，用户可以改变其颜色，但是不能移动其位置。

7．调整颜色

使用调整颜色滤镜可以改变对象的各个颜色属性，主要包括对象的亮度、对比度、饱和度和色相属性。

✖ 例3-1 设计模糊文字

Step 01 打开"模糊文字素材.fla"文件，执行"插入"＞"新建元件"命令，新建"元件2"影片剪辑，如下左图所示。

Step 02 将"元件1"拖入"元件2"之中，新建图层然后将"元件2"拖入舞台中，如下右图所示。

Step 03 进入"元件2"内部，为其添加"模糊"滤镜，然后在第15、19和21帧插入关键帧并创建补间动画，如下左图所示。

Step 04 在第15帧处将"元件1"适当缩小然后向下移动一些位置。在第19帧处适当放大"元件1"。在第20帧处适当缩小"元件1"，并设置"模糊"滤镜值为0像素，如下右图所示。

Step 05 在第45、53、61帧处插入关键帧并创建补间动画，然后在第53帧处设置Alpha值为0、"模糊"滤镜值为50像素，如下左图所示。

Step 06 在第90、98、103帧处插入关键帧并创建补间动画。在第98帧处设置"模糊"滤镜值为10像素，并对其进行倾斜变形，如下右图所示。在第103帧将"元件1"拖至舞台左侧，至此完成动画的创建。

🎙 设计师训练营 **炫彩文字的设计**

下面将利用前面所学习的知识，练习制作炫彩文字，以使读者熟练掌握文本的分离与变形操作。

Step 01 打开"炫彩文字素材.fla"文件，在第40帧处插入普通帧，如下左图所示。

Step 02 新建元件灯1，将图形元件灯拖入舞台中，在第30帧处插入普通帧，如下右图所示。

 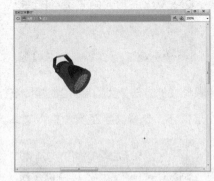

Step 03 新建图层灯光，选择直线工具，绘制图形，使用颜料桶工具填充渐变颜色，红色（#ff0000）到透明，接着将其转化为元件灯光，如下左图所示。

Step 04 在第10、20、30帧处插入关键帧，在第10帧处设置元件色调为蓝色，在第20帧处设置色调颜色为橙色，在第1~10、10~20、20~30帧之间创建传统补间动画，如下右图所示。

 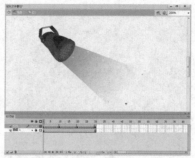

Step 05 返回场景1，新建图层灯1，将元件灯1拖入舞台上，调整位置及大小。在第18、22、37、40帧插入关键帧，如下左图所示。

Step 06 选择第18、22帧，将元件向上移动到同一位置，然后在第1~18、18~22、22~37、37~40帧之间创建传统补间动画，如下右图所示。

 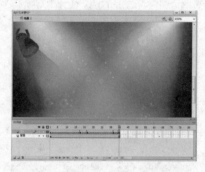

Step 07 新建图层灯2，将元件1拖入舞台并实施水平翻转操作，随后适当调整其位置，如下左图所示。

Step 08 选择图层灯2上的元件，在属性面板中的循环选项中，将第一帧设置为10，如下右图所示。

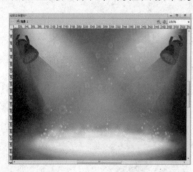 

Step 09 参照步骤5、6的方法，为图层灯2创建传统补间动画，如下左图所示。

Step 10 新建图层文字，选择文字工具，输入文本内容，如下右图所示。

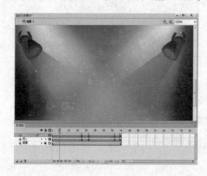 

Step 11 按两次【Ctrl+B】组合键分离文本，利用封套按钮，对文本进行变形操作，如下左图所示。

Step 12 新建元件彩条，选择矩形工具绘制形状，并使用颜料桶工具填充线性渐变颜色（用户可以根据自己的需要设置渐变颜色），如下右图所示。

 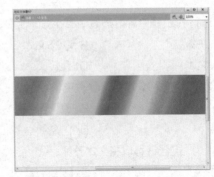

Step 13 返回场景1，在文字图层下方新建图层彩条，将元件彩条拖入舞台中，并在第20、40帧处插入关键帧，如下左图所示。

Step 14 在第20帧处向右移动元件彩条，然后在第1~20、20~40帧之间创建传统补间动画，如下右图所示。

Step 15 选择文字图层，右键单击鼠标，在弹出的快捷菜单中选择遮罩层选项，创建遮罩图层，如下左图所示。

Step 16 新建音乐图层，将库中的音乐素材拖入舞台中，保存并测试该动画效果，如下右图所示。

1. 选择题

（1）在动画运行的过程中可以通过 ActionScript 脚本进行编辑修改的文本是（   ）。

    A. 静态文本   B. 动态文本

    C. 输入文本   D. TLF 文本

（2）使用文本工具输入文本后，要改变文字的大小和字体，应该在（   ）浮动视窗内设定。

    A. 属性   B. 调色器

    C. 效果   D. 信息

（3）按下（   ）组合键可以将文本分离。

    A.【Ctrl+A】   B.【Ctrl+B】

    C.【Ctrl+C】   D.【Ctrl+V】

2. 填空题

（1）传统文本包括 3 种类型，分别是_____、_____、_____。

（2）_____主要用于文字的输入与编排，起到解释说明的作用，是大量信息的传播载体，也是文本工具的最基本功能。

（3）文本的基本样式包括消除文本锯齿、设置文字属性、创建文本链接和设置段落格式。

（4）使用_____功能，创建平滑的字体对象，可以更清晰地显示较小文本。

（5）文本分离为_____后，就不在具有文本的属性。

3. 上机题

使用文本工具输入文本，惊奇分离为图形，并进行变形操作，如右图所示，最后保存文件。

操作提示

① 使用文字工具创建静态文本。

② 按Ctrl+B组合键分离文本。

③ 使用任意变形工具对文字进行局部变形。

④ 保存文件。

Chapter
04

时间轴与图层

　　时间轴和图层是Flash中最核心的组成部分，几乎所有动画的播放顺序、动作行为等都是在时间轴和图层中编排的。本章将对帧与图层的编辑操作进行详细介绍。通过对本章内容的学习，读者可以熟悉帧的类型、图层的应用，以及时间轴的基本操作等。

重点难点

- 时间轴面板的组成
- 帧的类型及概念
- 帧的编辑方法
- 图层的编辑方法

时间轴和帧

在Flash文档中，时间轴和帧是非常关键的内容，因为它们决定着帧对象的播放顺序。为了使读者更好的掌握上述概念，本节将对时间轴和帧的相关知识进行详细介绍。

01 时间轴概述

时间轴是创建Flash动画的核心部分，用于组织和控制一定时间内的图层和帧中的文档内容。图层就像堆叠在一起的多张幻灯胶片一样，每个图层都包含一个显示在舞台中的不同图像。图层和帧中的图像、文字等对象随着时间的变化而变化，从而形成动画。

当启动Flash CS6后，若工作界面中没能看到时间轴面板，则可以通过选择"窗口>时间轴"命令，或按【Ctrl＋Alt＋T】组合键打开"时间轴"面板，如右图所示。

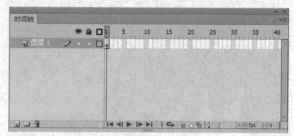

从右图可以看出，时间轴由图层、帧标尺、播放指针、帧等组成。其中，各组成部分的含义介绍如下。

图层： 可以在不同的图层中放置相应的对象，从而产生层次丰富、变化多样的动画效果。

播放指针： 用于指示当前在舞台中显示的帧。

帧： 是Flash动画的基本单位，代表不同的时刻。

帧频率： 用于指示当前动画每秒钟播放的帧数。

运时时间： 用于指示播放到当前位置所需要的时间。

帧标尺： 用于指示显示时间轴中的帧所使用时间长度标尺，每一格表示一帧。

> **知识链接** 手动调整时间轴面板的位置
>
> 用户可以根据自己的使用习惯调整时间轴的位置，可以使其处于嵌入状态或悬浮状态，也可以将其显示或隐藏。

02 帧的类型

帧是构成动画的基本单位，对动画的操作实质上是对帧的操作。在Flash中，一帧就是一副静止的画面，画面中的内容在不同的帧中产生如大小、位置、形状等的变化，再以一定的速度从左到右播放时间轴中的帧，连续的帧就形成动画。

通常所说的帧数，就是在1秒钟时间里传输的图片的帧数，通常用fps（Frames Per Second）表示。高的帧率可以得到更流畅、更逼真的动画。

1. 帧的类型

在Flash中，帧主要分为3种：普通帧、关键帧和空白关键帧。其中各类型介绍如下。

关键帧：关键帧是指在动画播放过程中，呈现关键性动作或内容变化的帧。关键帧定义了动画的变化环节。在时间轴中，关键帧以一个实心的小黑点来表示。

普通帧：普通帧一般处于关键帧后方，其作用是延长关键帧中动画的播放时间，一个关键帧后的普通帧越多，该关键帧的播放时间越长。普通帧以灰色方格来表示。

空白关键帧：这类关键帧在时间轴中以一个空心圆表示，该关键帧中没有任何内容。如果在其中添加内容，则转变为关键帧。

2. 设置帧的显示状态

单击时间轴右上角的黑三角按钮 ，在弹出的下拉菜单中选择相应的命令，即可改变帧的显示状态，如下左图所示。

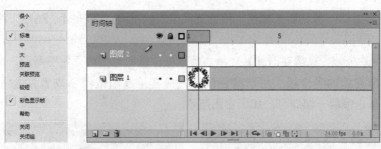

其中，该菜单中主要选项的含义如下。

很小、小、标准、中、大：用于设置帧单元格的大小。

预览：表示以缩略图的形式显示每帧的状态，如上右图所示。

关联预览：显示对象在各帧中的位置，有利于观察对象在整个动画过程中的位置变化。

较短：缩小帧单元格的高度。

彩色显示帧：该命令是系统默认的选项，用于设置帧的外观以不同的颜色显示。若取消对该选项的勾选，则所有的帧都以白色显示。

3. 设置帧频

帧频就是单位时间内播放的帧数。例如Flash的帧频12帧/秒，表示1秒钟播放12帧的影片内容。帧频太慢会使动画看起来一顿一顿的，帧频太快会使动画的细节变得模糊。默认情况下，Flash文档的帧速率是24帧/秒。

在Flash CS6中，可以通过以下几种方法设置帧频。

方法1：在时间轴底部的"帧频率"标签上单击，在文本框中直接输入帧频。

方法2：在"文档设置"对话框的"帧频"文本框中直接设置帧频，如下左图所示。

方法3：在"属性"面板的"帧频"文本框中直接输入帧的频率，如下右图所示。

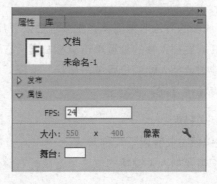

帧的编辑

Flash动画是由一些连续不断的帧所组成的，要使动画真正的动起来，还需要掌握帧的基本操作。编辑帧的基本操作包括选择帧、删除帧、清除帧、复制和粘贴帧、移动帧、翻转帧等。

01 选择帧

如果要对帧进行编辑，首先要选择帧。根据选择范围的不同，在FlashCS6中，帧的选择有以下几种情况。

（1）若要选中单个帧，只需在时间轴上单击帧所在位置即可，如下左图所示。

（2）若要选择连续的多个帧，可以按住鼠标左键直接拖动范围，或者先选择第一帧，然后按【Shift】键的同时单击最后一帧即可，如下右图所示。

 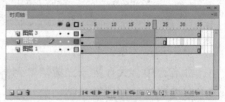

（3）若要选择不连续的多个帧，只需按【Ctrl】键，依次单击要选择的帧即可，如下左图所示。

（4）若要选择所有的帧，只需选择某一帧后单击鼠标右键，在弹出的子菜单中选择选择所有帧命令即可，如下右图所示。

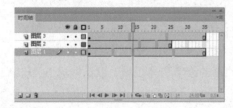 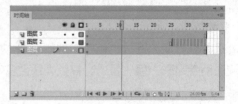

02 插入帧

在编辑动画过程中，根据动画制作的需要，用户可以任意插入普通帧、关键帧以及空白关键帧。

1. 插入普通帧

插入普通帧的方法非常简单，主要包括以下几种方法。

（1）在需要插入帧的位置单击鼠标右键，在弹出的快捷菜单中选择"插入帧"命令。

（2）在需要插入帧的位置单击鼠标，选择"插入>时间轴>帧"命令。

（3）直接按【F5】快捷键。

2. 插入关键帧

插入关键帧主要有以下几种方法。

（1）在需要插入关键帧的位置单击鼠标右键，在弹出的快捷菜单中选择"插入关键帧"命令。

（2）在需要插入关键帧的位置单击鼠标，选择"插入>时间轴>关键帧"命令。

（3）直接按【F6】快捷键。

3. 插入空白关键帧

插入空白关键帧主要有以下几种方法。

（1）在需要插入空白关键帧的位置单击鼠标右键，在弹出的快捷菜单中选择"插入空白关键帧"命令。

（2）如果前一个关键帧中有内容，在需要插入空白关键帧的位置单击鼠标，选择"插入>时间轴>空白关键帧"命令，如下图所示。

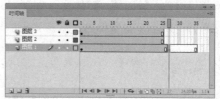

（3）如果前一个关键帧中没有内容，直接插入关键帧即可得到空白关键帧。

（4）直接按【F7】快捷键。

03 复制帧

在制作动画过程中，有时需要用到一些相同的帧，如果对帧进行复制粘贴操作可以得到内容完全相同的帧，从而提高工作效率。在Flash CS6中，复制帧的方法主要有以下两种。

（1）选中要复制的帧，然后按【Alt】键将其拖动到要复制的位置。

（2）选中要复制的帧，然后鼠标右键单击，在弹出的快捷菜单中选择"复制帧"命令，然后用鼠标右键单击目标帧，在弹出的快捷菜单中选择"粘贴帧"命令，如下图所示为复制帧前后的效果对比。

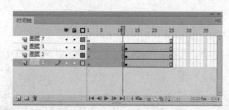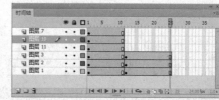

04 移动帧

在动画制作过程中，有时会需要对时间轴上的帧进行调整分配，将已经存在的帧移动到新的位置的方法主要有以下两种。

（1）选中要移动的帧，然后按住鼠标左键将其拖到要移动到的位置即可，如下图所示。

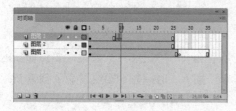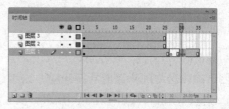

（2）选择要移动的帧，然后单击鼠标右键，在弹出的快捷菜单中选择"剪切帧"命令，然后在目标位置再次单击鼠标右键，在弹出的快捷菜单中选择"粘贴帧"命令。

05 翻转帧

翻转帧的功能可以将选中的帧的播放序列进行颠倒，即最后一个关键帧变为第一个关键帧，第一个关键帧成为最后一个关键帧。应首先选择时间轴中的某一图层上的所有帧（该图层上至少包含有两个关键帧，且位于帧序的开始和结束位置）或多个帧，然后使用以下任意一种方法即可完成翻转帧的操作。

（1）选择"修改>时间轴>翻转帧"命令。
（2）在选择的帧上单击鼠标右键，在弹出的快捷菜单中选择"翻转帧"命令。

06 删除和清除帧

在制作动画的过程中，若发现文档中所创建的帧是错误的或者是无意义的，则可以将其删除。

在Flash CS6中，选择要删除的帧，单击鼠标右键，在弹出的快捷菜单中选择"删除帧"命令或按【Shift+F5】组合键即可删除。

清除帧就是清除关键帧中的内容，但是保留帧所在的位置即转换为空白帧。选择需要清除的帧，单击鼠标右键，在弹出的菜单中选择清除帧命令即可，如下左图所示。清除关键帧可以将选中的关键帧转化为普通帧，如下右图所示。

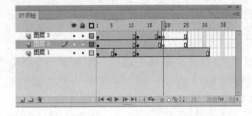 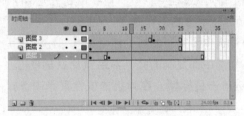

Section 03 图层的编辑

在Flash中，图层就像一张张透明的纸，在每一张纸上可以绘制不同的对象。在上面一层添加的内容会遮住下面一层中相同位置的内容。但如果上面一层的某个区域没有内容，透过这个区域可以看到下面一层相同位置的内容。本节将对图层的创建、命名、选择、删除、复制、排列图层等操作进行详细介绍。

01 创建图层

一个新建的Flash文档，在默认的情况下只有一个图层即"图层1"。如果需要添加新的图层，只需要单击图层编辑区中的新建图层按钮 ，或者选择"插入>时间轴>图层"命令创建新图层。默认情况下，新创建的图层将按照图层1、图层2、图层3……进行顺序命名，如下图所示。

通过右键菜单创建图层

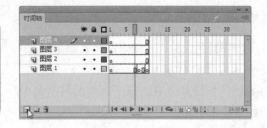

在"图层"编辑区选择已有的图层，单击鼠标右键，在弹出的快捷菜单中选择"插入图层"命令也可以创建图层。

02 选择图层

要编辑图层，首先要选取图层。用户可以根据需要选择单个图层，也可以选择多个图层，其具体方法介绍如下。

1. 选择单个图层

选择单个图层有以下3种方法。

（1）在时间轴的"图层查看"区中单击图层，即可将其选择。

（2）在时间轴的"帧查看"区的帧格上单击，即可选择该帧所对应的图层。

（3）在舞台上单击要选择图层中所含的对象，即可选择该图层。

2. 选择多个图层

若需要选择多个相邻的图层，则应按住【Shift】键同时选择图层；若需要选择不相邻的图层，则应按住【Ctrl】键的同时选择图层，如下图所示。

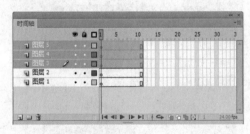 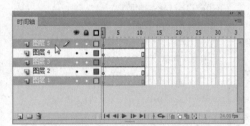

03 重命名图层

为了便于识别每个图层放置的内容，用户可以为各图层进行重命名。选择图层，在图层名称上双击鼠标左键，使其名称进入编辑状态，如下左图所示。接着在文本框中输入新名称，最后按【Enter】键确认即可，如下右图所示。

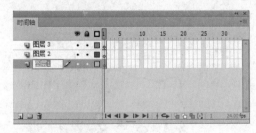 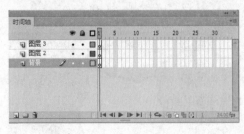

04 删除图层

对于不需要的图层，用户可以将其删除掉。

首先选择要删除的图层，然后单击鼠标右键，在弹出的快捷菜单中选择"删除图层"命令即可，如右图所示。

或者，选择要删除的图层，然后单击图层编辑区中的"删除"按钮，即可将选择的图层删除。

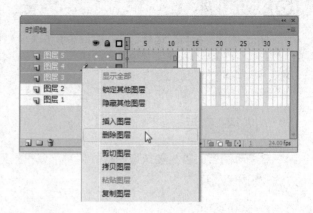

✖ 例4-1 绘制可爱的kitty

Step 01 新建一Flash文档，将"图层1"重命名"背景"。使用钢笔工具在舞台中绘制图形，并为其填充蓝色，如下左图所示。

Step 02 使用钢笔工具再分别绘制出3个图形，其对应的填充色为#4794D1、#7094D1、#C59AC5，如下右图所示。

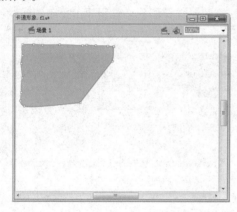
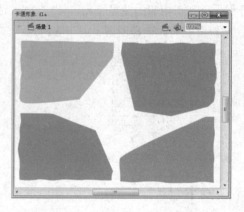

Step 03 在"背景"层上新建"头"层。选择钢笔工具并设置其笔触为3.45，颜色为黑色，然后在编辑区中绘制头部，如下左图所示。

Step 04 在"头"层上新建"五官"层。使用椭圆工具和钢笔工具绘制五官，为眼睛填充黑色，鼻子填充黄色（#FFE100），如下右图所示。

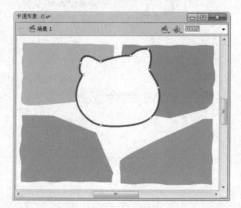

Step 05 在 "五官" 层上新建 "发卡" 层。使用椭圆工具和钢笔工具绘制卡发, 并填充红色 (#D0131C), 如下左图所示。

Step 06 在 "头" 层下新建 "衣服" 层, 使用钢笔工具和椭圆工具绘制衣服和扣子, 然后为衣服填充蓝色 (#0E3388), 为扣子填充白色, 如下右图所示。

Step 07 在 "衣服" 层上新建 "衣领" 层, 使用钢笔工具和直线工具在头部下方绘制红白相间的衣领, 如下左图所示。

Step 08 在 "衣服" 层下新建 "手脚" 层, 使用钢笔工具和直线工具绘制右手臂和腿脚部, 并填充颜色, 如下右图所示。

Step 09 在 "发卡" 层上新建 "娃娃" 层。使用钢笔工具绘制小熊, 并为其填充适当的颜色, 如下左图所示。

Step 10 在 "娃娃" 层上新建 "手" 层。使用椭圆工具绘制左手, 并填充白色。最后按Ctrl+S组合键保存文件, 如下右图所示。

05 调整图层的顺序

在Flash中，上层图层的内容会遮住下层图层的内容，下层图层内容只能通过上层图层透明的区域显示出来，因此，有时需要调整图层的排列顺序。

选择需要移动的图层，按住鼠标左键并拖动，图层以一条粗横线表示（如下左图所示），拖动图层到相应的位置后释放鼠标，即可将图层拖动到新的位置，如下右图所示。

06 设置图层的状态

当Flash中的图层内容较多时，可以通过一些命令同时对多个图层进行操作。在编辑当前图层时，其他层的对象也可能被选中，这就影响了用户的操作。因此，Flash提供了一些锁定和隐藏的功能，下面将对其相关知识进行详细介绍。

1. 显示与隐藏图层

在制作动画时，当舞台上的对象太多，为了避免错误操作，可以将其他不需要编辑的图层隐藏起来，这样舞台的会显得更有条理，操作起来更加方便明了。在隐藏状态下的图层不可见也不能被编辑，完成编辑后再将其他图层显示出来。

隐藏/显示图层的具体方法：单击图层名称右侧的隐藏栏即可隐藏图层，隐藏的图层上将标记一个✖符号，再次单击隐藏栏则显示图层，如右图所示。

2. 锁定图层

为了防止不小心修改已经编辑好的图层内容，可锁定该图层。图层被锁定后不能对其进行编辑。

选定要锁定的图层，单击图层名称右侧的锁定栏即可锁定图层，锁定的图层上将标记一个🔒符号，再次单击该层中的🔒图标即可解锁。如右图所示。

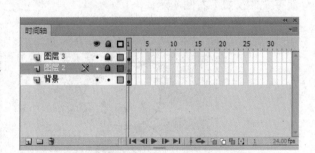

3. 显示图层的轮廓

当某个图层中的对象被另外一个图层中的对象所遮盖时，可以使遮盖层处于轮廓显示状态，以便对当前图层进行编辑。图层处于轮廓显示时，舞台中的对象只显示其外轮廓。

单击图层中的"轮廓显示"按钮■，可以使该图层中的对象以轮廓方式显示，如下左图所示。再次单击该按钮，可恢复图层中对象的正常显示，如下右图所示。

例4-2 制作游动的金鱼动画效果

Step 01 打开"游动的金鱼素材.fla"文件。将图层1命名为"背景"，从库中拖拽"背景"图片到舞台上，如下左图所示。

Step 02 新建影片剪辑"鱼组"，将"鱼1"、"鱼2"、"鱼3"、"鱼4"等图形元件拖入。返回主场景新建"鱼组"图层，将"鱼组"元件拖入舞台，如下右图所示。

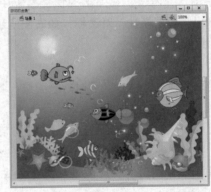

Step 03 双击鼠标进入元件"鱼1"内部，在第100帧插入关键帧，然后将"鱼1"元件向其前方移动，并创建补间动画，如下左图所示。

Step 04 按照同样的方法，分别进入"鱼2"、"鱼3"、"鱼4"等图形元件内部创建动画。然后将"小鱼2"元件复制多个并适当缩放，如下右图所示。

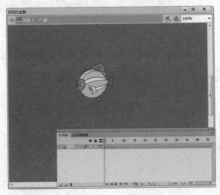

Step 05 返回主场景，新建"泡泡"图层，将库中"泡泡1"和"泡泡2"元件，分别拖拽至舞台合适位置，如下左图所示。

Step 06 制作完成后，按【Ctrl+S】组合键保存文件，按【Ctrl+Enter】组合键测试影片，如下右图所示。

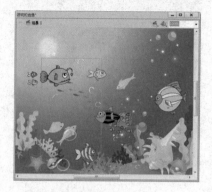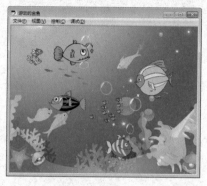

07 设置图层的属性

在Flash中每个图层都是相互独立的，拥有自己的时间轴和帧，用户可以在一个图层上任意修改图层内容，而不会影响其他图层。用户可以对图层的属性进行设置，例如图层的名称、类型、轮廓颜色以及图层高度等。

首先选中图层并右击，在弹出的快捷菜单中选择"图层属性"选项，随后将弹出"图层属性"对话框，如右图所示。在该对话框中，各选项的含义介绍如下。

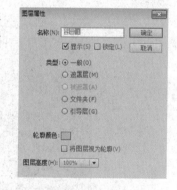

名称：用于设置图层的名称。

显示：若取消该复选框，则可以隐藏图层；若勾选该复选框，则显示图层。

锁定：若取消该复选框，则可以解锁图层；若勾选该复选框，则锁定图层。

类型：用于设置图层的相应属性，其中包括一般、遮罩层、被遮罩、文件夹和引导层。

轮廓颜色：用于设置该图层对象的边框颜色。

将图层视为轮廓：若选择该复选框，则可以使该图层中的对象以线框模式显示。

图层高度：用于设置图层的高度，例如将图层高度设置为200%，效果如右图所示。

🎙 **设计师训练营** **飞翔的小鸟**

Step 01 打开素材文档，将其另存为"快乐小鸟"，然后将"图层1"重命名为"天空"，如下左图所示。最后利用矩形工具绘制一个与舞台同样大小的矩形。

Step 02 使用颜料桶工具为其填充渐变色（#4691e6、#ddecff），并转化为图形元件，在第145帧处插入普通帧，如下右图所示。

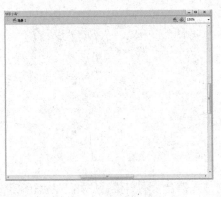 

Step 03 新建图形元件"云",选择直线工具绘制形状,使用选择工具调整形状和锚点位置,然后为其填充白色(#ffffff),如下左图所示。

Step 04 返回场景1,新建图层"云",将"云"元件拖入舞台,并在第5帧、第90帧、第145帧插入关键帧,如下右图所示。

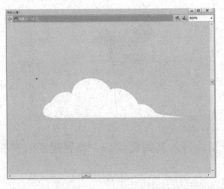 

Step 05 将第90帧上的图形元件云向右移动,在第5~90帧和第90~145帧之间创建传统补间动画,如下左图所示。

Step 06 新建图层"云1",将元件云拖入舞台,调整其大小,如下右图所示。

Step 07 新建图层"云2"、"云3",将"云"元件拖入舞台,并调整其大小及位置,分别在云2、云3图层中的第10帧、第90帧、第145帧处插入关键帧,如下左图所示。

Step 08 将云2图层和云3图层中的第90帧上的图形元件分别向左、向右移动,最后在云2、云3图层的第10~90帧和90~145帧间创建传统补间动画,如下右图所示。

Step 09 新建图层"地面",将库中的地面元件素材拖入舞台,调整位置,如下左图所示。

Step 10 新建影片剪辑元件"飞行的鸟1",将素材元件小鸟拖入影片剪辑元件的编辑区中,并在第4帧插入普通帧,如下右图所示。

 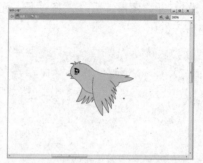

Step 11 在第5帧处插入关键帧,将元件小鸟向上移动,进入其编辑状态,调整翅膀,并在第8帧处插入普通帧,如下左图所示。

Step 12 返回场景1,新建图层"鸟1",将影片剪辑元件飞行的鸟1拖入舞台,调整大小及位置,如下右图所示。

Step 13 在第120帧处插入关键帧,并将影片剪辑元件移动到舞台的左边,在第1~120帧之间创建传统补间动画。

Step 14 新建影片剪辑元件"飞行的鸟2",将元件小鸟2拖入影片剪辑元件的编辑区中,并在第4帧插入普通帧。

Step 15 在第5帧处插入关键帧,将元件小鸟向下移动,进入其编辑状态,调整翅膀,并在第8帧处插入普通帧。

Step 16 返回场景1,新建图层"鸟2",在第20帧插入空白关键帧,将影片剪辑元件飞行的鸟2拖入舞台,调整大小及位置,此4个步骤操作如下图所示。

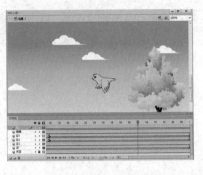

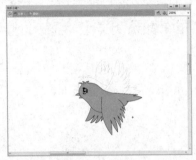

Step 17 在第130帧处插入关键帧，并将影片剪辑元件移动到舞台的左边，在第20~130帧之间创建传统补间动画，如下左图所示。

Step 18 用相同的方法，制作影片剪辑"飞行的鸟3"，新建图层鸟3，在第45帧处插入空白关键帧，将影片剪辑元件飞行的鸟3拖入舞台，调整大小及位置，如下右图所示。

Step 19 在第145帧处插入关键帧，将影片剪辑元件飞行的鸟3移动到舞台左边，在第45~145间创建传统补间动画，如下左图所示。

Step 20 新建图层"音乐"，将音乐素材拖入舞台中，最后保存并按【Ctrl+Enter】组合键对该动画进行测试，如下右图所示。

1. 选择题

（1）默认时 Flash 影片帧频率是（　　）。

　　A. 25　　　　B. 12　　　　C. 15　　　　D. 24

（2）选择"插入 > 时间轴 > 关键帧"命令可以插入关键帧，按（　　）键同样可以在时间轴上指定帧位置插入关键帧。

　　A. F5　　　　B. F6　　　　C. F7　　　　D. F8

（3）选择"修改 > 时间轴 > 图层属性"命令，打开"图层属性"对话框，在该对话框中不可以设置的图层属性选项是（　　）。

　　A."类型"选项　　　　　　　B."轮廓颜色"

　　C."图层高度"　　　　　　　D."匹配"

（4）下列选项中，可修改动画播放速度的是（　　）。

　　A. 文件 > 保存；　　　　　B. 编辑 > 撤消；

　　C. 修改 > 文档；　　　　　D. 插入 > 场景

（5）可以将舞台工作区上的元素精确定位的是（　　）。

　　A. 图层　　　B. 元件　　　C. 帧　　　　D. 时间轴

2. 填空题

（1）时间轴主要是由＿＿＿＿＿、帧标尺、播放指针、＿＿＿＿＿、运动时间等。

（2）时间轴是创建 Flash 动画的核心部分，用于组织和控制一定时间内的＿＿＿＿＿＿＿和中的文档内容。

（3）在 Flash 中，帧主要分为 3 种：普通帧、＿＿＿＿＿和空白关键帧。

（4）在动画播放过程中，呈现关键性动作或内容变化的帧是指＿＿＿＿＿。

3. 上机题

将图片导入到舞台，并将内容扩展到第20帧，在第12帧插入关键帧，如下图所示。

操作提示

① 新建Flash文档，选择"文件>导入>导入到库"命令。

② 将库中的文件拖入舞台。

③ 在第20帧插入普通帧。

④ 在第12帧插入关键帧。

Chapter 05

元件、库与实例

在Flash中，元件是存放在库中可以重复使用的图形、按钮或动画，使用元件可以使编辑动画变得更加简单。将元件拖入舞台中，就生成了一个实例，合理的利用元件、库和实例可以提高制作动画的效率。本章将对元件、库以及基础动画的创建与编辑操作进行详细介绍。

重点难点
- 元件的类型与用途
- 元件的创建方法
- 库面板的使用
- 实例的设置操作

Section 01 元件

在制作Flash动画过程中，经常需要创建或调用一些元件，那究竟什么是元件呢？元件是构成Flash动画的主体，是动画中可以反复使用的一个小部件，在影片中发挥着极其重要的作用。通常Flash动画由多个元件组成，通过使用元件可以大大提高动画的创作效率。

01 元件的类型

元件是构成动画的基本元素，是可以反复取出使用的图形、按钮或者动画。简单来说，元件只需要创建一次，即可在整个文档中重复使用。元件中的小动画可以独立于主动画进行播放，每个元件可由多个独立的元素组合而成。

在制作Flash影片的过程中，可以通过多次复制某个对象来达到创作的目的；这样，每个所复制的对象具有独立的文件信息，相应地整个影片的容量也会加大。但如果将对象制作成元件后加以应用，Flash就会反复调用同一个对象，从而不会影响影片的容量。

根据功能和内容的不同，元件可分为3种类型，分别是图形元件、影片剪辑元件和按钮元件，如右图所示。

1. 图形元件

图形元件用于制作动画中的静态图形，是制作动画的基本元素之一，它也可以是影片剪辑元件或场景的一个组成部分，但没有交互性，不能为图形元件添加声音，也不能为图形元件的实例添加脚本动作。图形元件应用到场景中时，会受到帧序列和交互设置的影响，图形元件与主时间轴同步运行。

2. 影片剪辑元件

使用影片剪辑元件可以创建可重复使用的动画片段，拥有独立的时间轴，能独立于主动画进行播放。影片剪辑是主动画的一个组成部分，可以将影片剪辑看作是主时间轴内的嵌套时间轴，包含交互式控件、声音以及其他影片剪辑实例。

3. 按钮元件

按钮元件是一种特殊的元件，具有一定的交互性，主要用于创建动画的交互控制按钮。按钮元件具有"弹起"、"指针经过"、"按下"、"点击"四个不同的状态的帧，如右图所示。用户可以分别在按钮的不同状态帧上创建不同的内容，既可以是静止图形，也可以是影片剪辑，而且可以给按钮田间时间的交互动作，使按钮具有交互功能。

（1）弹起：表示鼠标指针没有经过按钮时的状态。

（2）指针经过：表示鼠标指针经过按钮时的状态。

（3）按下：表示鼠标单击按钮时的状态。

（4）点击：表示用来定义可以响应鼠标事件的最大区域。如果这一帧没有图形，鼠标的响应区域则由指针经过和弹出两帧的图形来定义。

02 创建元件

在Flash CS6中，创建元件可以通过两种途径，一种是将舞台上对象转换成元件，另一种是直接创建一个空白的元件，然后在元件编辑模式下制作或导入内容，可以是图形、按钮以及动画等。

创建元件的方法包含以下几种：

（1）选择"插入>新建元件"命令或按【Ctrl＋F8】组合键。在弹出"创建新元件"对话框（如右图所示）中选择元件类型并确认即可。

（2）在"库"面板中的空白处单击鼠标右键，在弹出的快捷菜单中选择"新建元件"命令。

（3）单击"库"面板右上角的面板菜单按钮，在弹出的下拉菜单中选择"新建元件"命令。

（4）单击"库"面板底部的"新建元件"按钮。

在创建新元件对话框中，各主要选项的含义如下。

名称：用于设置元件的名称。

类型：用于设置元件的类型，包含"图形"、"按钮"和"影片剪辑"3个选项。

文件夹：在"库根目录"上单击，打开"移至文件夹…"对话框（如下左图所示），用户可以将元件放置在新建文件夹中，也可以将元件放置在现有文件夹中或库根目录中。

高级：单击该链接，可将该面板展开，从中对元件进行高级设置，如下右图所示。

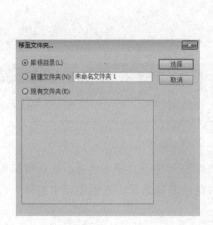

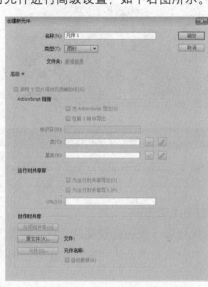

03 转换元件

在制作动画过程中，若需要将舞台上的对象转化为元件，则可以选中对象后，选择"修改>转换为元件"命令，打开如右图所示的对话框，从中设置元件类型，最后单击"确定"按钮。

除此之外，将对象转化为元件还有以下几种方法。

（1）在选择的对象上右击，在弹出的快捷菜单中选择"转换为元件"命令。

（2）直接将选择的对象拖曳至"库"面板中。

04 编辑元件

当对元件进行编辑时，舞台上所有该对象的实例都会发生相应的变化。在Flash CS6中，可以通过在当前位置、在新窗口中、在元件的编辑模式下对元件进行编辑。下面将进行具体介绍。

1. 在当前位置编辑元件

在Flash CS6中，在当前位置编辑元件的方法主要有以下3种。

- 在舞台上双击要进入编辑状态元件的一个实例。
- 在舞台上选择元件的一个实例，单击鼠标右键，在弹出的快捷菜单中选择"在当前位置编辑"命令。
- 在舞台上选择要进入编辑状态元件的一个实例，然后选择"编辑>在当前位置编辑"命令。

在当前位置编辑元件时，其它对象以灰显方式出现，从而将它们和正在编辑的元件区别开来。正在编辑的元件的名称显示在舞台顶部的编辑栏内，位于当前场景名称的右侧，如下图所示。

专家技巧　如何更改注册点

> 进入元件编辑区后，如果要更改注册点，可在舞台上拖动该元件。一个十字光标会标明注册点的位置。

2. 在新窗口中编辑元件

若舞台中对象较多、颜色比较复杂，在当前位置编辑元件不方便，也可以在新窗口中进行编辑。在舞台上选择要进行编辑的元件并右击，在弹出的快捷菜单中选择"在新窗口中编辑"命令，如下左图所示。

此时，进入在新窗口中编辑元件的模式，正在编辑的元件的名称会显示在舞台顶部的编辑栏内，且位于当前场景名称的右侧，如下右图所示。

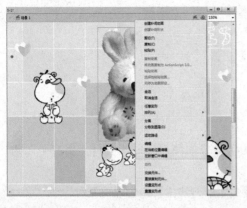

 **知识链接** 轻松退出元件编辑窗口

如需退出"在新窗口中编辑元件"模式并返回到文档编辑模式，直接单击右上角的关闭框来关闭新窗口。

Section 02 库

库面板就是一个影片的仓库，所有元件都会被自动载入到当前影片的库面板中，在使用时从该面板中直接调用即可。另外，还可以从其他影片的库面板中调用元件。本节将对库的各种操作进行详细介绍。

01 认识库面板

"库"面板用于存储和组织在Flash中创建的各种元件和导入的文件（包括矢量插图、位图图形、声音文件和视频剪辑）。库还包含已添加到文档的所有组件，组件在库中显示为编译剪辑。用户可以在Flash应用程序中创建永久的库，只要启动Flash就可以使用这些库。

新建Flash文档时，库面板是空的，随着用户不断的将图片、声音等资源导入到库中时，库面板中将增加内容。选择"窗口>库"命令，或按【Ctrl+L】组合键，即可打开"库"面板。库面板是由诸多库项目组成的集合，每一个库项目的基本信息均会反应在库面板中，例如名称、使用次数、修改日期以及类型等，分别单击这些选项按钮，即可按照相应的顺序为库面板中的对象排序，如右图所示。

在"库"面板中，各组成部分的功能介绍如下。

预览窗口：用于显示所选对象的内容。

选项按钮：单击该按钮，弹出库面板中的各种操作选项。

、按钮：单击该按钮，可以调整各元件的排列顺序。

"新建库面板"按钮：单击该按钮，可以新建库面板。

"新建元件"按钮![icon]：单击该按钮，弹出"创建新元件"对话框，用于新建元件。

"新建文件夹"按钮![icon]：用于新建文件夹。

"属性"按钮![icon]：用于打开相应的元件属性对话框。

"删除"按钮![icon]：用于删除元件或文件夹。

02 重命名库元素

在制作动画时，库面板中包含很多库项目，为了更好的使用管理库项目，用户可以为库项目重命名。

在Flash CS6中，对"库"面板中的项目进行重命名的方法主要包含以下几种。

(1) 双击项目名称。

(2) 在"库"面板的"面板"菜单中选择"重命名"命令，如下左图所示。

(3) 选择项目并右击，在弹出的快捷菜单中选择"重命名"命令，如下右图所示。

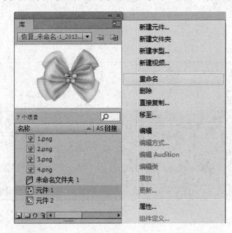

执行以上任意一种方法，进入编辑状态后，在文本框中输入新名称，按【Enter】键或在其他空白区单击，即可完成项目的重命名操作。

03 创建库文件夹

当库项目繁多时，可以利用库文件夹对其进行分类整理，库面板中可以同时包含多个库文件夹，但不允许文件夹使用相同的名称。

若要新建一个"库"文件夹，只需在"库"面板中单击"新建文件夹"按钮![icon]即可，然后在文本框中输入文件夹的名称，如右图所示。

04 调用库元素

在Flash中，除了用户自创的库元件外，还包含公用库。公用库是Flash自带的一个素材库，包括很多现成的按钮和声音，用户可以将它们直接调用到动画中，这样可以节省工作时间。

除此之外，如果某些对象需要被反复应用于不同的影片中，用户还可以根据需要创建自定义公用库，然后与创建的任何文档一起使用。公用库共分为3种类型，分别是按钮、类和声音。下面将对公用库进行具体介绍。

1. 按钮库

选择"窗口>公用库>buttons"命令，打开按钮库，如下左图所示，在该库中提供了各式各样的按钮标本。用户可以根据自己的需要在按钮库中选择合适的按钮添加到文档中。

2. 类库

选择"窗口>公用库>classes"命令，打开类库，如下中图所示。在该库中共有3个元件，分别是"数据绑定组件"、"应用组件"和"网络服务组件"。

3. 声音库

选择"窗口>公用库>sounds"命令，打开声音库，如下右图所示。在该库中包含了多种类型的声音，用户可以根据自己的需要在声音库中选择合适的声音添加到文档中。

  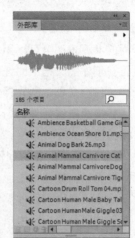

05 应用并共享库资源

使用共享库资源，可以将一个影片库面板中的资源共享，供其他影片使用，同时合理的组织影片中的每个元素，减少影片的开发周期。下面将介绍库资源的共享与应用。

1. 复制库资源

在文档之间复制库资源，可以使用多种方法将库从源文档复制到目标文档中。在制作动画时，用户还可以将元件作为共享库资源在文档之间共享。

（1）通过复制和粘贴来复制库资源

在舞台上选择资源，然后选择"编辑>复制"命令。若要将资源粘贴到舞台中心位置，将指针放在舞台上并选择"编辑>粘贴到中心位置"命令。这样资源就会被粘贴到舞台的中心。若要将资源放置在与源文档中相同的位置，选择"编辑>粘贴到当前位置"即可。

（2）通过拖动来复制库资源

在目标文档打开的情况下，在源文档的"库"面板中选择该资源，并将其拖入目标文档的"库"面板中。

（3）通过在目标文档中打开源文档库来复制库资源

当目标文档处于活动状态时，选择"文件>导入>打开外部库"命令，选择源文档并单击"打开"按钮，即可导入到目标文档的库面板中。

2．实时共享库中的资源

对于运行时共享资源，源文档的资源是以外部文件的形式链接到目标文档中的。运行时资源在文档回放期间（即在运行时）加载到目标文档中。在创作目标文档时，包含共享资源的源文档并不需要在本地网络上。为了让共享资源在运行时可供目标文档使用，源文档必须发布到URL上。

使用运行时共享库资源需要执行以下操作：

首先，设计者在源文档中定义共享资源并输入该资源的标识符字符串和源文档将要发布到的URL（仅 HTTP 或 HTTPS）。

然后，用户在目标文档中定义一个共享资源，并输入一个与源文档的那些共享资源相同的标识符字符串和URL。或者，用户可以把共享资源从发布的源文档拖到目标文档库中。在"发布"设置中设置的ActionScript版本必须与源文档中的版本匹配。

3．在创作时共享库中的资源

对于创作期间的共享资源，可以用本地网络上任何其它可用元件来更新或替换正在创作的文档中的任何元件。在创建文档时更新目标文档中的元件，目标文档中的元件保留了原始名称和属性，但其内容会被更新或替换为所选元件的内容。选定元件使用的所有资源也会复制到目标文档中。

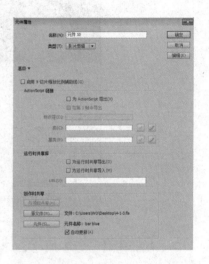

在Flash中，替换或更新元件的操作很简单。首先在文档打开的情况下，选择影片剪辑、按钮或图形元件，然后从"库面板"菜单中选择"属性"命令，弹出"元件属性"对话框，从中单击"高级"按钮选项。在创作时共享选区中单击源文件按钮，选择要替换的FLA文件，勾选自动更新选项，然后单击确定按钮即可，如右图所示。

4．解决库资源之间的冲突

如果将一个库资源导入或复制到已经含有同名的不同资源的文档中，则可以选择是否用新项目替换现有项目。将库资源导入或复制到文档中时出现"解决库冲突"对话框（如右图所示），可通过重命名的方法解决冲突。

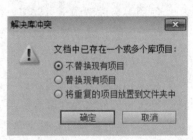

在"解决库冲突"对话框中可执行以下操作之一。

（1）若要保留目标文档中的现有资源，则可以选中"不替换现有项目"单选按钮。

（2）若要用同名的新项目替换现有资源及其实例，则可以选中"替换现有项目"单选按钮。

（3）若选中"将重复的项目放置到文件夹中"单选按钮，则可以保留目标文档中的现有资源，同名的新项目将被放置在重复项目文件夹中。

✖ 例5-1 元件的创建与编辑

Step 01 打开素材文件"池塘素材春韵.fla"，将图层1重命名为背景，然后绘制径向渐变（#ffffff、#d5f3fe）矩形，并将其转化为元件，最后在第65帧处插入帧，如下左图所示。

Step 02 新建图层云，选择刷子工具，设置填充颜色为白色，绘制形状并转化为元件，如下右图所示。

Step 03 新建图层山，选择铅笔工具，绘制大山形状并填充恰当的绿色，随后将其转化为元件，如下左图所示。

Step 04 新建图层岸边，将库中的岸元件拖入舞台中，然后根据需要调整其位置与大小，如下右图所示。

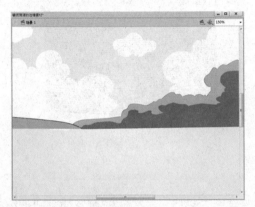

Step 05 在图层山下面新建图层水面，选择矩形工具绘制水面，并为其填充线性渐变（#1df0c3、#8df1e7），最后将该矩形转化为元件，如下左图所示。

Step 06 新建影片剪辑元件倒影1，选择铅笔工具，绘制如下右图所示的形状。

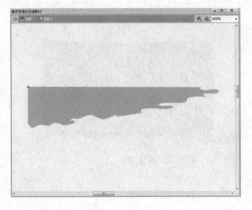

Step 07 新建图层倒影，将元件倒影1拖入舞台，添加模糊滤镜，如下左图所示。

Step 08 使用相同的方法，制作其他倒影，如下右图所示。

Step 09 新建影片剪辑元件波纹，返回场景1，复制图层水面、图层倒影上的关键帧，粘贴到影片剪辑元件波纹里，如下左图所示。

Step 10 新建遮罩图层，选择直线工具，绘制形状，使用选择工具调整形状，如下右图所示。

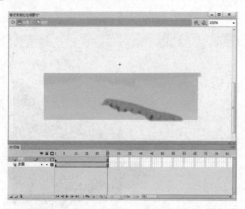
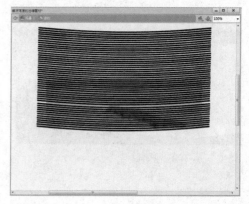

Step 11 在遮罩图层上的第25帧处插入关键帧，将形状向下移动，在第1~25帧之间创建传统补间动画，如下左图所示。

Step 12 选择遮罩图层并右击，在弹出的快捷菜单中选择遮罩层命令，为下面两个图层创建遮罩效果，如下右图所示。

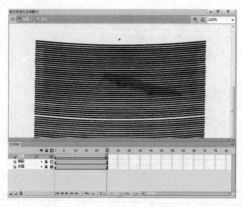
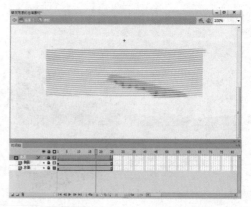

Step 13 返回场景1，在倒影图层上方新建图层水波，将影片剪辑元件波纹拖入舞台中，并调整其位置，如下左图所示。

Step 14 新建元件荷花动，将库中的荷花拖入舞台，在第25帧处插入帧，如下右图所示。

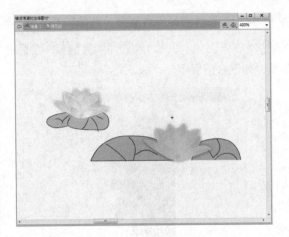

Step 15 在第8、16、23帧处插入关键帧，并在第8、23帧处将荷花向下移动，然后在第1~8、8~16、16~23帧之间创建传统补间动画，如下左图所示。

Step 16 返回场景1，新建荷花图层，将荷花动元件拖入舞台合适位置，如下右图所示。

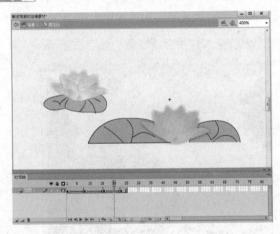

Step 17 新建图层鸟，将库中的飞鸟元件拖入舞台中，放置在舞台的右侧，如下左图所示。

Step 18 在第65帧处掺入关键帧，将飞鸟向右移动到舞台右侧，在第1~65帧之间创建传统补间动画，如下右图所示。

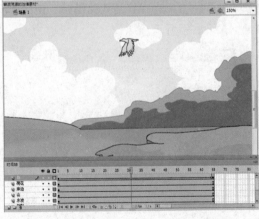

Step 19 新建影片剪辑元件树枝，选择铅笔工具，绘制形状，填充颜色，如下左图所示。

Step 20 在第3、6、9、11帧处插入关键帧，使用选择工具，在关键帧处调整形状，制作风吹动树枝的动画，如下右图所示。

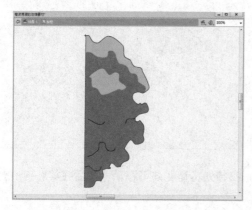 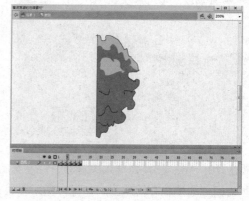

Step 21 双击影片剪辑元件树，进入其编辑状态，分别在树叶、树叶1图层的第3、6、9、11帧处插入关键帧，使用选择工具，在关键帧处调整形状，制作风吹动树枝的效果，如下左图所示。

Step 22 返回场景1，新建树图层，将影片剪辑元件树、树枝拖入舞台合适位置，如下右图所示。

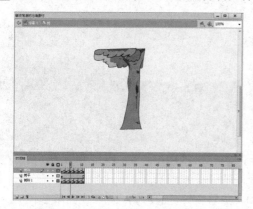 

Step 23 新建影片剪辑元件草，将库中的小草元件拖入舞台，按【Ctrl+B】组合键将其打散，如下左图所示。

Step 24 在第1、3、5、7处插入关键帧，使用选择工具，在关键帧处调整小草的形状，制作草动的动画效果，如下右图所示。

Step 25 返回场景1，新建图层草，将草元件拖入舞台合适位置，如下左图所示。

Step 26 新建元件花动，将库中的花元件拖入舞台中，在第1、3、5、7帧处插入关键帧，在关键帧处调整花的位置，制作左右摇摆的动画效果，如下右图所示。

 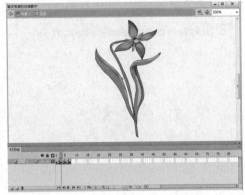

Step 27 返回场景1，在图层草下方新建图层花，将花动元件拖入舞台中，彬调整其位置及大小，如下左图所示。

Step 28 新建图层蝴蝶，将库中的元件蝴蝶拖入舞台的右侧，在第1、65帧处插入关键帧，如下右图所示。

Step 29 在第65帧关键帧处将蝴蝶移动到花上，在第1~65帧之间创建传统补间动画，如下左图所示。

Step 30 新建图层风，在第10帧处插入空白关键帧，将库中的风元件拖入舞台中，调整位置，如下右图所示。

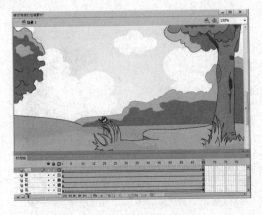 

Step 31 新建影片剪辑元件树叶飘动，在图层1的第7帧处插入空白关键帧，将库中的树叶拖入舞台中，在第45帧处插入关键帧，如下左图所示。

Step 32 右键单击图层1，在弹出的快捷菜单中选择添加传统运动引导层命令，创建引导层，选择铅笔工具，在引导层中绘制形状，如下右图所示。

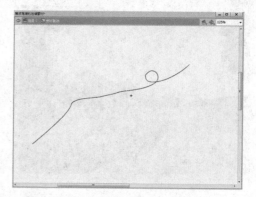

Step 33 选择图层1，在第7帧关键帧处将树叶移至形状右上端，在第45帧关键帧处将树叶移至形状左下端，并在第7~45帧之间创建传统补间动画，如下左图所示。

Step 34 返回场景1，新建图层树叶，在第18帧处插入空白关键帧，将影片剪辑元件树叶飘动拖入舞台中，如下右图所示。

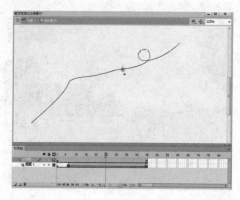

Step 35 新建图层AS，在第65帧处插入空白关键帧，打开动作面板，添加stop();动作脚本，如下左图所示。

Step 36 新建图层音乐，将库中的音乐素材拖入舞台，按【Ctrl+Enter】组合键，对该动画进行测试，如下右图所示。

Section 03 实例

用户在创建元件后，可以将元件拖入舞台中，元件一旦从库中拖到舞台或者其他元件中，就变为实例。简单地说，在场景或者元件中的元件被称为实例，实例是元件的具体应用。

01 创建实例

每个实例都具有自己的属性，用户可以利用属性面板设置实例的色彩、图形显示模式等信息，以及重新设置元件的类型。也可以对实例进行变形，例如倾斜、旋转或缩放等，修改特征只会显示在当前所选的实例上，对元件和场景中的其他实例是没有影响的。

在Flash CS6中，创建实例的方法很简单，只需在"库"面板中选择元件，按住鼠标左键不放，将其直接拖曳至场景后释放鼠标，即可创建实例，如下图所示。

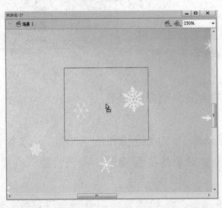 

知识链接 关于实例的创建说明

多帧的影片剪辑元件和多帧的图形元件创建实例时，在舞台中影片剪辑设置一个关键帧即可，而图形元件则需要设置与该元件完全相同的帧数，动画才能完整地播放。

02 复制实例

在制作动画过程中，有时需要重复使用实例，对于已经创建好的实例，用户可以直接在舞台上复制实例。具体的操作步骤如下。

选择要复制的实例，然后按住【Ctrl】键或【Alt】键的同时并拖动实例，此时鼠标指针的右下角显示一个小"+"标识，将目标实例对象拖曳到目标位置时，释放鼠标即可复制所选择的目标实例对象，如下图所示。

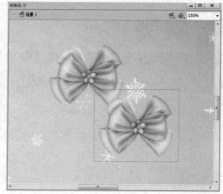

03 设置实例的色彩

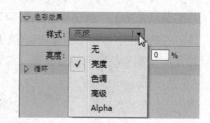

每个元件实例都可以有自己的色彩效果。利用"属性"面板，可以设置实例的颜色和透明度等。选择实例，在"属性"面板的"色彩效果"栏中的"样式"下拉列表中选择相应的选项，如右图所示，即可设置实例的颜色和透明度。

若要进行渐变颜色更改，可应用补间动画。在实例的开始关键帧和结束关键帧中设置不同的色彩效果，然后创建传统补间动画，以让实例的颜色随着时间逐渐变化。

在"样式"下拉列表中包含了5个选项，各选项的含义分别介绍如下。

无：选择该选项，不设置颜色效果。

亮度：用于设置实例的明暗对比度，度量范围是从黑（-100%）到白（100%）。选择亮度选项，拖动右侧的滑块，或者在文本框中直接输入数值来设置对象的亮度属性。实例设置"亮度"值为0和60%。

色调：用于设置实例的颜色。单击"颜色"色块，然后从颜色面板中选择一种颜色，或者在文本框中输入红、绿和蓝色的值，可以改变实例的色调。

高级：用于设置实例的红、绿、蓝和透明度的值。选择高级选项，左侧的控件可以使用户按指定的百分比降低颜色或透明度的值；右侧的控件可以使用户按常数值降低或增大颜色或透明度的值。

Alpha：用于设置实例的透明度，调节范围是从透明（0%）到完全饱和（100%）。如果要调整Alpha值，选择Alpha选项并拖动滑块，或者在框中输入一个值即可。

04 改变实例的类型

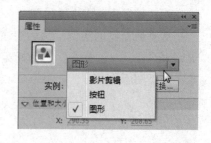

在制作Flash动画时，实例的类型是可以相互转换的，可以通过改变实例的类型来重新定义它在Flash应用程序中的行为。

在"属性"面板中，可以通过图形、按钮和影片剪辑3种类型进行转换，如右图所示。例如，一个图形实例包含独立于主时间轴播放的动画，可以将该图形实例重新定义为影片剪辑实例。当改变实例的类型后，"属性"面板中的参数也将进行相应的变化。

05 查看实例信息

在Flash中，"属性"面板和"信息"面板用于显示在舞台上选定实例的相关信息，创建Flash文档中，在处理同一元件的多个实例时，识别舞台上元件的特定实例比较复杂，此时可以使用属性面板或者信息面板进行识别。

在"属性"面板中，用户可以查看实例的行为和设置，如右上图所示。对于所有实例类型，均可以查看其色彩效果设置、位置和大小。

在"属性"面板中，通常会显示元件注册点或元件左上角的x和y坐标，具体取决于在"信息"面板上选择的选项。

在"信息"面板上，可以查看实例的大小和位置、实例注册点的位置、指针的位置以及实例的红色值（R）、绿色值（G）、蓝色值（B）和alpha（A）值。"信息"面板还显示元件注册点或元件左上角的x和y坐标，具体取决于选择了哪个选项。要显示注册点的坐标，单击"信息"面板内坐标网格中的中心方框。要显示左上角的坐标，单击坐标网格中的左上角方框，如右下图所示。

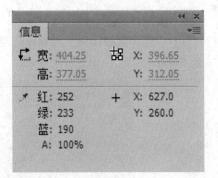

设计师训练营 行进中的汽车

通过学习本案例，可以熟悉并掌握简单动画的制作方法与实现技巧。

Step 01 打开素材文件，将图层1重名为背景，接着绘制与舞台等大的矩形，并填充渐变色（#91d9f6、#f3eded），最后将其转换为图形元件天空，如下左图所示。

Step 02 在第65帧处插入帧，选择刷子工具，设置填充颜色为白色，绘制形状，并转化为图形元件云，如下右图所示。

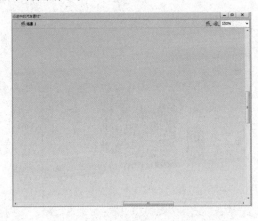

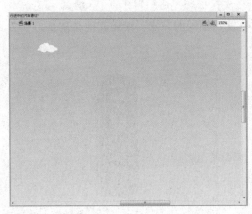

Step 03 复制云元件，并根据需要调整其大小及位置，如下左图所示。

Step 04 选择矩形工具，设置填充颜色为#eae0d6、#9a9790，绘制2个矩形，并转化为图形元件，如下右图所示。

Step 05 选择直线工具，绘制路沿石图形，然后选择颜料桶工具为其填充颜色，如下左图所示。

Step 06 选择直线工具，绘制绿化带图形，接着使用选择工具调整形状，然后使用颜料桶工具填充颜色（#7cae73），如下右图所示。

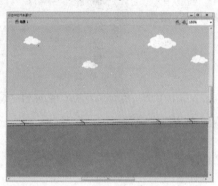 

Step 07 新建图形元件楼，选择直线工具绘制楼房图形，然后使用颜料桶工具为其填充颜色（颜色可以自行设定），如下左图所示。

Step 08 使用相同的方法，绘制其他楼房图形，如下右图所示。

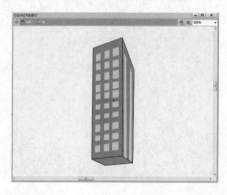 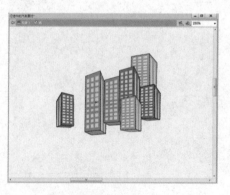

Step 09 新建图形元件门，选择直线工具，并绘制如下左图所示的形状。

Step 10 选择颜料桶工具，然后为所绘的门填充合适的颜色，如下右图所示。

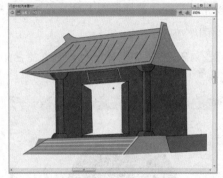

Step 11 新建元件花坛，选择直线工具，绘制形状并填充颜色，如下左图所示。

Step 12 选择铅笔工具，绘制如下右图所示的形状，并为其填充恰当的颜色。

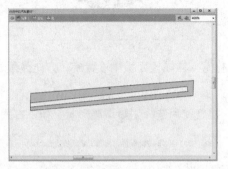
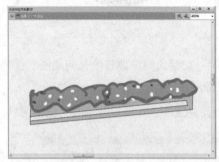

Step 13 返回场景1，将库面板中的楼、门、花坛、石狮、树元件拖入舞台中，调整其位置与大小，如下左图所示。

Step 14 新建元件轮子，选择椭圆工具绘制圆形，选择直线工具绘制形状，如下右图所示。

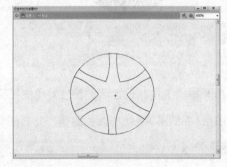

Step 15 选择颜料桶工具，设置渐变颜色，填充径向渐变，如下左图所示。

Step 16 选择椭圆工具，设置填充颜色分别为#333333、#000000，绘制2个圆形，如下右图所示。

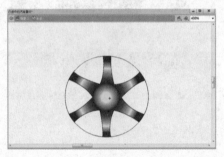
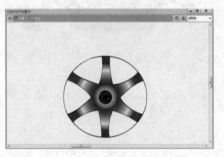

Step 17 新建元件车轮，选择椭圆工具，设置填充颜色，分别绘制2个圆形，并在图层1中第40帧处插入帧，如下左图所示。

Step 18 新建图层2，将库中的轮子元件拖入舞台中，调整位置及大小，并在第40帧处插入关键帧，如下右图所示。

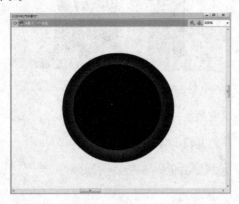
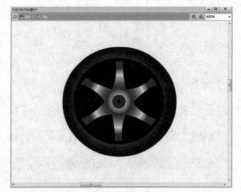

Step 19 在第1~40帧之间创建传统补间动画，选择补间，在属性面板中设置旋转方向为顺时针，次数为2，如下左图所示。

Step 20 新建元件汽车，选择直线工具，绘制形状，接着使用选择工具调整形状，如下右图所示。

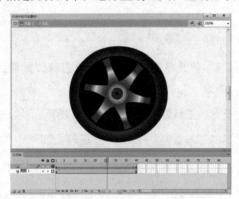
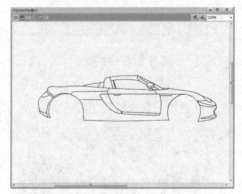

Step 21 选择颜料桶工具，设置填充颜色并填充图形，在图层1中的第4帧处插入帧，如下左图所示。

Step 22 在图层1中的第3帧处插入关键帧，并将图形向上移动1个像素，如下右图所示。

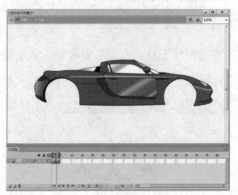

Step 23 新建元件车动，将元件汽车拖入舞台中，并在图层1中的第60帧处插入帧，如下左图所示。

Step 24 在图层1下方新建图层2，将元件车轮拖入舞台合适位置，如下右图所示。

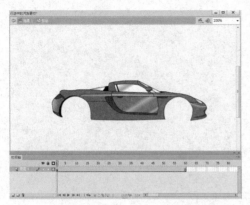 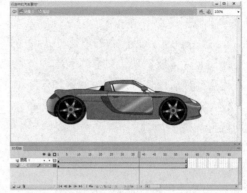

Step 25 返回场景1，在背景图层上新建汽车图层，并在在第5帧处插入空白关键帧，将车动元件拖入场景左侧，如下左图所示。

Step 26 在第65帧处插入关键帧，将车动元件移动到场景右侧，在第5~65帧之间创建传统补间动画，如下右图所示。

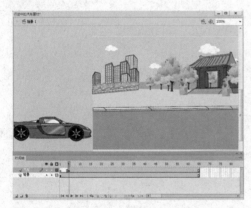 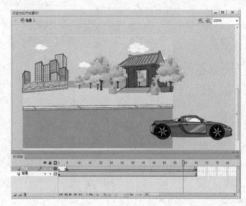

Step 27 新建笛声图层，将库中的音乐素材拖入舞台，最后按Ctrl+Enter组合键，对该动画进行测试，如下图所示。

![课后练习]

1. 选择题

（1）以下关于使用元件的优点的叙述，正确的是（　　）。

　　A. 使用元件可以使发布文件的大小显著地缩减

　　B. 使用元件可以使电影的播放更加流畅

　　C. 使用元件可以使电影的编辑更加简单化

　　D. 以上均是

（2）在"信息"面板中，可以查看选定实例的（　　）。

　　A. 位置和大小　　　　B. 名称和颜色　　　　　　C. 大小和类型　　　　　　D. 名称和位置

（3）Flash 中如果想要测试完整的互动功能和动画功能应（　　）。

　　A. 选择"控制 > 循环播放"　　　　　　　　B. 选择"控制 > 启动简单按钮"

　　C. 选择"控制 > 测试影片"　　　　　　　　D. 选择"控制 > 播放"

（4）创建补间动作动画后，打开"属性"面板，设置（　　）选项可以实现匀减速或匀加速运动。

　　A. "缓动"　　　　　　B. "旋转"　　　　　　　　C. "调整到路径"　　　　　　D. "对齐"

（5）以下关于逐帧动画和补间动画的说法正确的是（　　）。

　　A. 两种动画模式 Flash 都必须记录完整的各帧信息

　　B. 前者必须记录各帧的完整记录，而后者不用

　　C. 前者不必记录各帧的完整记录，而后者必须记录完整的各帧记录

　　D. 以上说法均不对

2. 填空题

（1）_____是构成动画的基本元素，是可以反复取出使用的图形、按钮或者动画。

（2）根据功能和内容的不同，元件可分为 3 种类型，分别是_____、_____和按钮元件。

（3）滤镜只能对_____、影片剪辑、_____增添有趣的视觉效果。

（4）Flash 基本动画可以分为两种类型：_____和补间动画，补间动画又可以分为_____

　　　和_____。

3. 上机题

通过本章的学习，利用所学知识，制作一个马奔跑的简单的小动画，如下图所示。

操作提示

① 绘制背景图像。

② 为背景创建传统补间动画。

③ 创建影片剪辑元件马奔跑的动画效果。

④ 将马奔跑的动画拖入舞台。

Chapter 06

时间轴动画的创建

在学习了基础动画的制作之后，接下来本章将介绍较复杂动画的制作，如遮罩动画、引导动画和骨骼动画。从制作原理上来说，它们都是由基础动画演变而来的。通过对本章内容的学习，用户能够了解并掌握复杂动画的制作原理与设计技巧，从而很好地应用到现实生活或工作中。

重点难点
- 逐帧动画的创建方法
- 遮罩动画的创建方法
- 引导动画的设计方法
- 骨骼动画的创建方法

Section 01 基础动画

制作传统动画需要画出许多不同的图像画面，当快速播放时，由于人的眼睛产生视觉暂留，所以感觉画面动了起来。如果要一幅一幅的画出来，很费时间。利用Flash应用程序，制作简单的基础动画可以只制作两幅关键的画面（起始和终止画面），然后创建补间动画自动生成其余画面。Flash基本动画大致可分为逐帧动画和补间动画两种类型，其中补间动画又可以分为形状补间动画和传统补间动画。

01 逐帧动画

逐帧动画主要由若干关键帧组成，整个动画就是通过关键帧的不断变化而产生的。在制作动画时，设计者需要对每一帧的内容进行绘制，因此其工作量较大，但产生的动画效果非常逼真，多用来制作复杂动画，因此逐帧动画对设计者的绘图技巧有较高的要求。

逐帧动画在每一帧中都会更改舞台内容，它最适合于图像在每一帧中都在变化而不仅是在舞台上移动的复杂动画。逐帧动画增加文件大小的速度比补间动画快得多。在逐帧动画中，Flash 会存储每个完整帧的值。

1. 逐帧动画的特点

逐帧动画通过一帧帧地绘制，并按先后顺序排列在时间轴上通过顺序播放达到的动画效果，适合制作相邻关键帧中对象变化不大的动画。

逐帧动画具有如下几个特点。

● 逐帧动画会占用较大的内存，因此文件很大。

● 逐帧动画由许多单个的关键帧组合而成，每个关键帧均可独立编辑，且相邻关键帧中的对象变化不大。

● 逐帧动画具有非常大的灵活性，几乎可以表达任何形式的动画。

● 逐帧动画分解的帧越多，动作就会越流畅；适合于制作特别复杂及细节的动画。

● 逐帧动画中的每一帧都是关键帧，每个帧的内容都要进行手动编辑，工作量很大，这也是传统动画的制作方式。

2. 导入逐帧动画

在Flash CS6中，用户可以通过导入JPEG、PNG、GIF等格式的图像创建逐帧动画。导入GIF格式的位图与导入同一序列的JPEG格式的位图类似（如下图所示），只需将GIF格式的图像直接导入到舞台，即可在舞台直接生成动画。

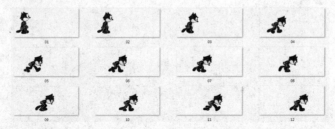

3．制作逐帧动画

制作逐帧动画主要是在制作动画中创建逐帧动画中每一帧的内容，这项工作是在Flash内部完成的。绘制逐帧动画的创作方法主要有以下几种。

（1）绘制矢量逐帧动画

用绘图工具在场景中一帧帧的画出帧内容，如下图所示。

（2）文字逐帧动画

使用文字作为帧中的元件，实现文字跳跃、旋转等特效，如下图所示。

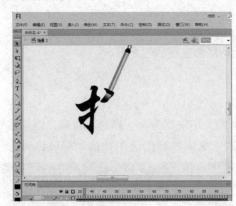 

（3）指令逐帧动画

在时间轴面板上，逐帧写入动作脚本语句来完成元件的变化。

02 补间形状动画

在一个关键帧中绘制一个形状，然后在另一个关键帧中更改该形状，Flash根据二者之间的帧的值或形状来创建的动画称为形状补间动画。形状补间动画适用于图形对象，通过形状补间，可以创建类似于变形的动画效果，还可以使形状的位置、大小和颜色进行渐变。形状补间通常用于形状和颜色的补间变化。

形状补间动画可以实现两个图形之间颜色、大小、形状和位置的相互变化，其变化的灵活性介于逐帧动画和动作补间动画之间。对于形状补间动画，要为一个关键帧中的形状指定属性，然后在后续关键帧中修改形状或者绘制另一个形状。形状补间动画创建好之后，时间轴的背景色变为淡绿色，在起始帧和结束帧之间有一个长箭头，如右图所示。

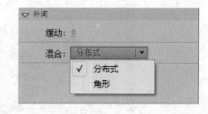

在Flash CS6中，选择图层中形状补间中的帧，在"属性"面板的"补间"区中有两个设置形状补间属性的选项（如右图所示），其具体介绍如下。

1. 缓动

该选项用于设置形状对象变化的快慢趋势。取值范围在-100~100。当设置取值为0时，表示形状补间动画的形状变化是匀速的；当设置取值小于0时，表示形变对象的形状变化越来越快，数值越小，加快的趋势越明显；当设置取值大于0时，表示形变对象的形状变化越来越慢，数值越大，减慢的趋势越明显。

2. 混合

用于设置形状补间动画的变形形式。在该下拉列表框中，包含了"分布式"和"角形"两个选项，如果设置为"分布式"，表示创建的动画中间形状比较平滑；如果设置为"角形"，表示创建的动画中间形状会保留明显的角和直线，适合具有锐化角度和直线的混合形状。

03　传统补间动画

在一个关键帧中定义一个元件的实例、组合对象或文字块的大小、颜色、位置、透明度等属性，然后在另一个关键帧中改变这些属性，Flash 根据二者之间的帧的值创建的动画被称为传统补间动画。传统补间动画通常用于有位置变化的补间动画中。通过传统补间动画可以对矢量图形、元件以及其他导入的素材进行位置、大小、旋转、透明度等的调整。

传统补间动画创建好后，时间轴的背景色变为淡紫色，在起始帧和结束帧之间有一个长箭头，如右图所示。

知识链接　关于传统补间动画的创建

创建传统补间动画的元素可以是影片剪辑、按钮、图形元件、文字、位图等，但不能是形状。

在Flash CS6中，选择图层中传统补间中的帧，在"属性"面板的"补间"区中有设置传统补间属性的选项（如右图所示），其含义分别如下。

缓动：用于设置变形运动的加速或减速。0表示变形为匀速运动，负数表示变形为加速运动，正数表示变形为减速运动。

旋转：用于设置对象渐变过程中是否旋转以及旋转的方向和次数。

紧贴：勾选该复选框，能够使动画自动吸附到路径上移动。

同步：勾选该复选框，使图形元件的实例动画和主时间轴同步。

调整到路径：用于引导层动画，勾选该复选框，可以使对象紧贴路径来移动。

缩放：勾选该复选框，可以改变对象的大小。

如果前后两个关键帧中的对象不是"元件"时，Flash会自动将前后两个关键帧中的对象分别转换为"补间1"、"补间2"两个元件。

04 动画预设

动画预设是预配置的补间动画，可以将它们应用于舞台上的对象。使用预设可极大节约项目设计和开发的生产时间，特别是经常使用相似类型的补间时。选中对象，选择"动画预设"面板中的动画效果，单击"应用"按钮即可。

动画预设的功能就像是一种动画模板，可以直接加载到元件上，每个动画预设都包含特定数量的帧。应用预设时，在时间轴中创建的补间范围将包含此数量的帧。如果目标对象已应用了不同长度的补间，补间范围将进行调整，以符合动画预设的长度，然后在应用预设后调整时间轴中补间范围的长度。

在Flash CS6中，选择"窗口>动画预设"命令，即可打开动画预设面板。动画预设一共有30项动画效果，都放置在默认预设中。单击默认预设旁边的三角形，即打开所有的动画预设，如右图所示。任选其中一个动画后，在窗口预览中会出现相应的动画效果。

每个对象只能应用一个预设。如果将第二个预设应用于相同的对象，则第二个预设将替换第一个预设。

在"动画预设"面板中删除或重命名某个预设对以前使用该预设创建的所有补间没有任何影响。如果在面板中的现有预设上保存新预设，它对使用原始预设创建的任何补间没有影响。

用户也可以创建并保存自己的自定义预设，也可以修改现有的动画预设并另存为新的动画预设，则动画预设面板中的自定义预设文件夹中将显示新的动画预设效果。

知识链接　保存自定义预设的方法

选择需要另存为动画预设的时间轴中的补间范围，单击"动画预设"面板底部的"将选区另存为预设"按钮，设置预设名称，新预设将显示在动画预设面板中。需要注意的是，动画预设只能包含补间动画。传统补间不能保存为动画预设。

遮罩动画

遮罩动画是Flash中的一个很重要的动画类型，它有着广泛的应用，很多特效均是由通过遮罩动画来实现的。

01 遮罩动画的原理

遮罩动画是通过两个图层来实现的，一个是遮罩层，另一个是被遮罩层。在此，需要说明的是，在一个遮罩动画中，"遮罩层"只有一个，但"被遮罩层"可以有多个。

在动画制作过程中，为了得到特殊的显示效果，用户可以在遮罩层上创建一个任意形状的"视窗"，遮罩层下方的对象可以通过该"视窗"显示出来，而"视窗"之外的对象将不会显示。遮罩动画的制作原理是通过遮罩图层来决定被遮罩层中的显示内容，这与与Photoshop中的蒙版相类似。

遮罩层的内容可以是填充的形状、文字对象、图形元件的实例或影片剪辑，不能是直线，如果一定要用线条，可以将线条转化为"填充"。"遮罩"主要有2种用途：一个作用是用在整个场景或一个特定区域，使场景外的对象或特定区域外的对象不可见，另一个作用是用来遮罩住某一元件的一部分，从而实现一些特殊的效果。

在制作遮罩层动画时，应注意以下3点。

（1）若要创建遮罩层，请将遮罩项目放在要用作遮罩的图层上。

（2）若要创建动态效果，可以让遮罩层动起米。

（3）若要获得聚光灯效果和过渡效果，可以使用遮罩层创建一个孔，通过这个孔可以看到下面的图层。遮罩项目可以是填充的形状、文字对象、图形元件的实例或影片剪辑。将多个图层组织在一个遮罩层下可创建复杂的效果。

在设计动画时，合理地运用遮罩效果会使动画看起来更流畅，元件与元件之间的衔接时间更准确。同时，也具有丰富的层次感和立体感。

02 创建遮罩动画

在Flash中没有专门的按钮来创建遮罩层，遮罩层其实是由普通图层转化的。用户只需在某个图层上单击右键，从弹出的快捷菜单中选择"遮罩层"命令（即使命令的左边出现一个小勾），该图层就会生成遮罩层。与此同时，层图标就会从普通层图标 变为遮罩层图标 ，系统也会自动将遮罩层下面的一层关联为"被遮罩层"，在缩进的同时图标变为 ，若需要关联更多层被遮罩，只要把这些层拖至被遮罩层下面或者将图层属性类型改为被遮罩即可。

遮罩效果的作用方式有以下4种。

（1）遮罩层中的对象是静态的，被遮罩层中的对象也是静态的，这样生成的效果就是静态遮罩效果。

（2）遮罩层中的对象是静态的，而被遮罩层的对象是动态的，这样透过静态的对象可以观看后面的动态内容。例如为被遮罩层中的文本创建传统补间动画，播放动画时，文本经过遮罩层中的对象时显露出来。

（3）遮罩层中的对象是动态的，而被遮罩层中的对象是静态的，这样透过动态的对象可以观看后面静态的内容。例如在遮罩层中绘制一个逐渐拉长的长方形，播放动画时，被遮罩层中的文本逐渐显露出来。

（4）遮罩层的对象是动态的，被遮罩层的对象也是动态的，这样透过动态的对象可以观看后面的动态内容。此时，遮罩对象和被遮罩对象之间就会进行一些复杂的交互，从而得到一些特殊的视觉效果。

专家技巧　巧妙设置遮罩图层

只有遮罩层与被遮罩层同时处于锁定状态时，才会显示遮罩效果。如果需要对两个图层中的内容进行编辑，可将其解除锁定，编辑结束后再将其锁定。

例6-1 制作家具广告

Step 01 打开"家具广告素材.fla"文件并另存。将"图层1"重命名为"图片"，将元件"图片1"拖至舞台，如下左图所示，选择第520帧插入普通帧。

Step 02 设置"图片1"Alpha值为80。在第14帧处插入关键帧，设置元件Alpha值为100。在第1～14帧间创建传统补间动画，如下右图所示。

Step 03 在第130帧处按F7键插入空白关键帧。按Ctrl+L组合键打开库面板，将库中元件"图片2"拖至舞台，并调整其位置，如下左图所示。

Step 04 在"图片"层上新建"直线1"层。在第26帧处插入关键帧，选择直线工具，设置笔触为1，颜色为白色，在舞台上绘制2条直线，如下右图所示。

Step 05 在"直线"层上新建"遮罩1"层。在第26帧处插入关键帧，使用矩形工具绘制图形。在第43帧处插入关键帧，使用任意变形工具对其调整。在第26～43帧间创建形状补间动画。并将该层设置为遮罩层。复制26～43帧，粘贴到第412～428帧间，并删除多余关键帧，如下图所示。

Step 06 在"遮罩1"层上新建"直线2"、"遮罩2"、"直线3"、"遮罩3"层。参照"直线1"、"遮罩1"的制作过程，分别制作"直线2"和"直线3"的遮罩动画，如下图所示。

Step 07 在"遮罩3"层上新建"闪光"层。在第14帧处插入关键帧，绘制矩形并设置填充色Alpha值为80，如下左图所示。

Step 08 在第19帧处插入关键帧，设置填充色Alpha值为30。在第25帧处插入关键帧，设置填充色Alpha值为0，如下右图所示。

Step 09 在第14~19、19~25帧间创建形状补间动画。复制14~25帧，粘贴到第130~141帧间，然后将多余关键帧删除，如下左图所示。

Step 10 在"闪光"层上新建"色块动画"层。在第62帧处插入关键帧，将元件"色块动画"拖至舞台，并调整其位置，如下右图所示。

Step 11 在"色块动画"层上新建"字动画"层。在第83帧处插入关键帧，将元件"字动画"拖至舞台，如下左图所示。

Step 12 在"图片"层上新建"标志"层。在第450帧处插入关键帧，将元件"标志"拖至舞台，如下右图所示。

Step 13 在"字动画"层上新建"音乐"层。选择第1帧为其添加声音"音乐.mp3"，如下左图所示。最后保存该动画并测试该动画，效果如下右图所示。

引导动画

将一个或多个层链接到一个运动引导层，使一个或多个对象沿同一条路径运动的动画形式被称为"引导路径动画"。这种动画可以使一个或多个元件完成曲线或不规则运动。

01 引导层动画的原理

引导动画是物体沿着一个设定的线段做运动，只要固定起始点和结束点，物体就可以沿着线段运动，这条线段就是所谓的引导线。

引导层和被引导层是制作引导动画的必须图层。引导层位于被引导层的上方，在引导层中绘制对象的运动路径，引导层是Flash中的一种特殊的图层，在影片中起辅助作用，引导层不会导出，因此不会显示在发布的SWF文件中，而与之相连接的被引导层则沿着引导层中的路径运动。

引导层是用来指示对象运行路径的，必须是打散的图形。路径不要出现太多交叉点。被引导层中的对象必须依附在引导线上。简单的说，在动画的开始和结束帧上，让元件实例的变形中心点吸附到引导线上。

02 创建引导层动画

创建引导层动画必须具备两个条件：一是路径，二是在路径上运动的对象。一条路径上可以有多个对象运动，引导路径都是一些静态线条，在播放动画时路径线条不会显示。

引导动画最基本的操作就是使一个运动动画附着在引导线上。所以操作时特别要注意引导线的两端，被引导的对象起始点、终点的2个中心点一定要对准引导线的2个端头。

⚒ 例6-2 创建引导动画

Step 01 选择"文件>打开"命令，打开文档素材，如下左图所示。

Step 02 新建图层2，在新建图层上右键单击，在弹出的快捷菜单中选择"添加传统运动引导层"命令，如下右图所示。

 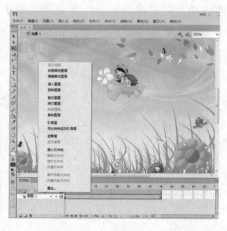

Step 03 此时创建引导层，使用钢笔工具，在引导层上绘制一条曲线作为运动路径，如下左图所示。

Step 04 选择图层2，将库中的蝴蝶元件拖入舞台，将中心点与曲线的左端点对齐，作为运动起点，如下右图所示。

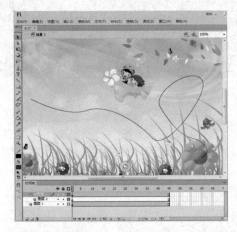

Step 05 在45帧插入关键帧，选择第45帧所对应的实例，将其与曲线的右端点对齐，作为运动的终点，如下左图所示。

Step 06 在图层2的第1~45帧之间创建传统补间动画，并设置补间属性，如下右图所示。

Step 07 最后保存文档，并按Crtl+Enter组合键测试该引导动画的效果，如下图所示。

Section 04 骨骼动画

骨骼动画又称反向运动（IK）动画，它是一种用骨骼的关节结构对一个对象或彼此相关的一组对象进行动画处理的方法，该动画的操作对象可以是形状，也可以是元件。使用骨骼动画可以轻松的创建人物动画，例如胳膊、腿和面部表情等。

01 骨骼动画的原理

骨骼链称为骨架。在父子层次结构中，骨架中的骨骼彼此相连。骨架可以是线性的或分支的。源于同一骨骼的骨架分支称为同级。

在Flash CS6中，创建骨骼动画一般有如下两种方式。

第一种方式是通过添加将每个实例与其他实例连接在一起的骨骼，用关节连接一系列的元件实例，骨骼允许这些连接起来的元件实例一起运动。例如，一组影片剪辑，其中的每个影片剪辑都表示人体的不同部分，通过将躯干、上臂、下臂和手链接在一起，可以创建逼真移动的胳膊，还可以创建一个分支骨架以包括两个胳膊、两条腿和头。

第二种方式是向形状对象（即各种矢量图形对象）的内部添加骨骼，通过骨骼来移动形状的各个部分以实现动画效果，这样操作的优势在于无需绘制运动中该形状的不同状态，也无需使用补间形状来创建动画。例如，向简单的蛇图形添加骨骼，以使蛇逼真地移动和弯曲。

在制作动画过程中，运动学系统分为正向运动学和反向运动学这两种。正向运动学指的是对于有层级关系的对象来说，父级的动作将影响到子级，而子级的动作将不会对父级造成任何影响。例如，当对父级进行移动时，子级也会同时随着移动。而子级移动时，父级不会产生移动。由此可见，正向运动中的动作是向下传递的。

与正向运动学不同，反向运动学动作传递是双向的，当父级进行位移、旋转或缩放等动作时，其子级会受到这些动作的影响，反之，子级的动作也将影响到父级。

02 创建骨骼动画

在Flash CS6中可以对元件实例或者图形形状创建骨骼动画。元件可以是影片剪辑、图形和按钮，如果是文本，则需要将文本转化为元件；骨骼动画对象可以是一个或多个图形形状，添加第一个骨骼之前必须选择所有形状。

1．元件骨骼动画

向元件实例添加骨骼时，会创建一个链接实例链。根据需要，元件实例的链接可以是一个简单的线性链或分支结构。例如人体图形将需要包含四肢分支的结构。在添加骨骼之前，元件实例可以在不同的图层上。添加骨骼时，Flash CS6将它们移动到新图层。

❌ 例6-3 创建基本的骨骼结构

`Step 01` 新建Flash文档，选择多角星形工具绘制五角星，并转化为元件，多复制几个，如下左图所示。

`Step 02` 选择骨骼工具，选择左边第一个实例按下鼠标左键，拖动到下一个实例上释放鼠标，便为这两个实例搭建了一根骨骼，如下右图所示。

Step 03 重复步骤2，为其他实例创建骨骼，如下左图所示。

Step 04 使用选择工具，拖动实例，这样骨骼的位置也发生相应的变化，如下右图所示。

知识链接 关于骨骼动画的制作说明

若要添加其他骨骼，则应从第一个骨骼的尾部拖动到要添加到骨架的下一个元件实例。指针在经过现有骨骼的头部或尾部时会发生改变。

若要创建分支骨架，则应单击分支开始的现有骨骼的头部，然后进行拖动以创建新分支的第一个骨骼，如右图所示。

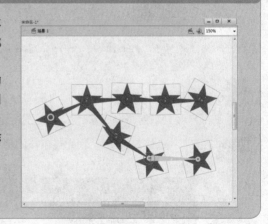

需要说明的是，分支不能连接到其他分支（其根部除外）。

2．形状骨骼动画

对于形状，用户可以向单个形状的内部添加多个骨骼。这不同于元件实例（每个实例只能具有一个骨骼）。向形状对象的内部添加骨架，可以在合并绘制模式或对象绘制模式中创建形状。

向单个形状或一组形状添加骨骼，在任一情况下，在添加第一个骨骼之前必须选择所有形状。在将骨骼添加到所选内容后，Flash 将所有的形状和骨骼转换为 IK 形状对象，并将该对象移动到新的图层上。在某个形状转换为 IK 形状后，它无法再与 IK 形状外的其他形状合并。

Step 01 打开Flash文档，绘制一个形状，选择骨骼工具，在形状内部按下鼠标左键向下拖动并释放鼠标，创建一个骨骼，如下左图所示。

Step 02 使用相同的方法，在形状内部创建其他骨骼，如下中图所示。随后使用选择工具，移动形状内部的骨骼，即可对其进行适当的处理，如下右图所示。

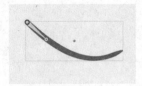  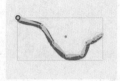

设计师训练营 模仿手绘动画

下面将利用前面所学的知识，练习制作一个模仿手绘效果的动画，以让读者熟悉复杂动画的创建方法与设计技巧。

Step 01 打开素材文件"模仿手绘动画素材.fla"，选择背景图层，在第115帧插入普通帧，如下左图所示。

Step 02 新建图层遮罩1，在第1帧处在舞台左侧绘制形状，如下右图所示。

Step 03 在遮罩1图层上的第5、10、15、20、25、30、35、40、45、50、55、60、65帧处插入关键帧，并在关键帧处调整形状大小，如下左图所示。

Step 04 在第1~65帧各关键帧之间创建补间形状动画，如下右图所示。

 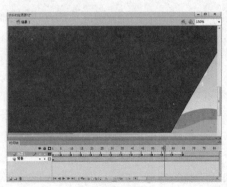

Step 05 选择遮罩1图层，右键单击，在弹出的快捷菜单中选择"遮罩层"命令，如下左图所示。

Step 06 随后创建遮罩层，背景图层、遮罩1图层被锁定，播放动画效果如下右图所示。

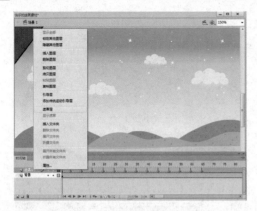

Step 07 新建地面图层，在第77帧插入关键帧，将库中的元件地面推拖入舞台，调整位置与背景层上的图像重合，如下左图所示。

Step 08 新建遮罩2图层，在第77帧处插入关键帧，在舞台左侧绘制图形，如下右图所示。

Step 09 参照步骤3、步骤4的方法，插入关键帧并调整形状大小，然后创建补间形状动画，如下左图所示。

Step 10 选择遮罩2图层并右击，在弹出的快捷菜单中选择遮罩层，以创建遮罩动画，如下右图所示。

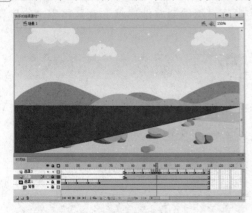

Step 11 新建图层画笔，将库中的画笔元件拖入舞台合适位置，如下左图所示。

Step 12 根据遮罩动画，为画笔图层插入关键帧，调整画笔位置，然后在关键帧之间创建传统补间动画，如下右图所示。

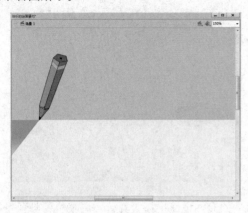 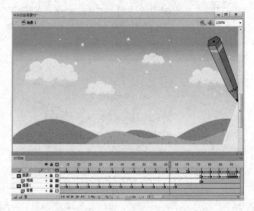

Step 13 新建图层轮廓，在第120帧处插入空白关键帧，使用铅笔工具绘制仙人掌外轮廓，并将所有图层的帧扩展到310帧，如下左图所示。

Step 14 新建图层遮罩2，在第120帧处插入空白关键帧，选择刷子工具，在第120帧处依照轮廓绘制形状，将轮廓覆盖，如下右图所示。

Step 15 在第122帧处插入关键帧，保留上一帧图形，依照顺序继续绘制形状，如下左图所示。

Step 16 使用相同的方法，保留前一帧的图形，依照顺序继续绘制其他形状，直至将整个轮廓覆盖，如下右图所示。

Step 17 选择遮罩3图层，创建遮罩动画效果，如下左图所示。

Step 18 新建图层仙人掌，在第176帧处插入空白关键帧，将库中的仙人掌元件拖入舞台，调整位置使之与轮廓重合，如下右图所示。

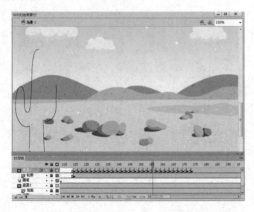 

Step 19 新建图层遮罩4，在第176帧处插入空白关键帧，选择刷子工具，在第176帧处依照仙人掌形状绘制图形，如下左图所示。

Step 20 在第178帧处插入关键帧，保留上一帧图形，依照顺序继续绘制形状，如下右图所示。

Step 21 使用相同的方法，保留上一帧图形，绘制其他形状，直至将整个元件覆盖，如下左图所示。

Step 22 选择图层遮罩4，创建遮罩动画效果，如下右图所示。

Step 23 新建图层画笔2，在第118帧处插入空白关键帧，将库中的画笔元件拖入舞台，调整位置，如下左图所示。

Step 24 在第120帧处插入关键帧，根据轮廓调整画笔位置，如下右图所示。

Step 25 使用相同的方法，根据遮罩动画，为画笔2图层插入其他关键帧，调整画笔位置，最后将画笔移出舞台，如下左图所示。

Step 26 新建图层仙人掌2，在第226帧处插入空白关键帧，将库中的元件仙人掌2拖入舞台合适位置，然后在244帧处插入关键帧，如下右图所示。

Step 27 设置在第226关键帧处所对应的实例的Alpha值为0%，在第244关键帧处所对应的实例的Alpha值为100%，然后在第226~244帧之间创建传统补间动画，如下左图所示。

Step 28 新建图层太阳，在第245帧处插入空白关键帧，将太阳元件拖入舞台左侧，如下右图所示。

Step 29 选择太阳图层，右键单击，在弹出的快捷菜单中选择添加传统运动引导线命令，创建引导层，如下左图所示。

Step 30 在引导层的第245帧处插入空白关键帧，选择钢笔工具，在引导层上绘制一条曲线作为运动路径，如下右图所示。

Step 31 选择太阳元件，将中心点与曲线的左端点对齐，作为运动起点，如下左图所示。

Step 32 在294帧插入关键帧，选择第294帧所对应的实例，将其与曲线的右端点对齐，作为运动的终点，如下右图所示。

Step 33 在太阳图层的第245~294帧之间创建传统补间动画，设置补间属性，如下左图所示。

Step 34 在太阳图层上方新建图层月亮，在第268帧处插入关键帧，将月亮元件拖入舞台左侧，如下右图所示。

Step 35 使用相同的方法，在第310帧插入关键帧，将月亮元件移至舞台中，制作月亮的引导动画，如下左图所示。

Step 36 新建图层天黑，在第284帧处插入关键帧，使用矩形工具绘制舞台大小的黑色矩形，将其转化成元件，然后在第310帧处插入关键帧，如下右图所示。

 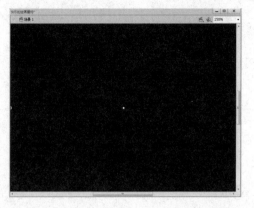

Step 37 设置在第284关键帧处所对应的实例的Alpha值为0%，在第310关键帧处所对应的实例的Alpha值为30%，然后在第284~310帧之间创建传统补间动画，如下左图所示。

Step 38 新建图层AS，在第310帧处插入空白关键帧，打开动作面板，添加stop();动作脚本，如下右图所示。

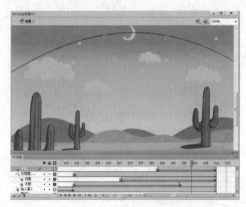 

Step 39 新建音乐图层，将库中的音乐素材拖入舞台，最后按Enter＋Ctrl组合键对该动画进行测试，如下图所示。

1. 选择题

（1）在遮罩层中，遮罩区域不能是（   ）。

   A. 位图　　　　　　　B. 渐变色　　　　　　　C. 完全透明　　　　　　D. 无填充

（2）下列图层的类型概述错误的是（   ）。

   A. 普通图层是系统默认创建的图层类型。创建普通图层后，在其名称前会显示普通图层图标

   B. 在引导层中可以设置对象运动的路径，以引导被引导层中的对象沿路径进行移动。创建引导层后，在其名称前会显示引导层图表。如果引导层下没有任何图层可以成为被引导层，那么在该图层名称前面会显示引导层图标

   C. 遮罩层是用于放置遮罩对象的图层。创建遮罩层后，在其名称前面会显示遮罩层图标

   D. 被遮罩层与遮罩层时相对应，它用于放置被遮罩对象的图层。创建被遮罩层后，在其名称前面会显示被遮罩层图标

（3）如果创建聚光灯或过渡动画效果时，应使用（   ）图层。

   A. 普通层和遮罩层　　B. 遮罩层和被遮罩层　　C. 引导层和遮罩层　　D. 遮罩层

2. 填空题

（1）遮罩动画是通过两个图层来实现的，一个是_____，另一个是_____。

（2）遮罩层的内容可以是填充的形状、_____、图形元件的实例或_____，不能是直线。

（3）创建引导层动画必须具备两个条件：一是路径，二是在路径上_____。

（4）骨骼动画又称反向运动（IK）动画，是一种用_____对一个对象或彼此相关的一组对象进行_____的方法。

（5）创建骨骼动画一般有两种方式。一种方式是向_____添加骨骼，另一种方式是向_____的内部添加骨骼。

3. 上机题

通过本章的学习，制作如下图所示的浮动的音符动画效果。

操作提示

① 导入背景图片。

② 绘制线条，创建线条移动动画。

③ 为音乐符号创建引导动画。

④ 为元件添加滤镜效果。

Chapter 07

ActionScript 特效设计

交互动画是指在动画作品播放时支持事件响应和交互功能的一种动画，也就是说，动画播放时可以接受某种控制，如停止、退出、选择、音乐控制、网页链接等。在Flash动画设计软件中提供了一种动作脚本语言ActionsScript，通过调用或编写脚本语句即可实现一些特殊的功能。

重点难点

- ActionsScript 3.0的语法知识
- 基本运算符的使用
- 动作面板的使用
- 动作脚本的编写与调试

初识 ActionScript 3.0

ActionScript 3.0 是一种强大的面向对象编程语言，功能强大，类库丰富，语法类似JavaScript，多用于Flash互动性、娱乐性、实用性开发，网页制作和RIA应用程序开发，它标志着 Flash Player Runtime 演化过程中的一个重要阶段。

01 ActionScript的版本

ActionScript语句是Flash提供的一种动作脚本语言，它是一种编程语言，用来编写Adobe Flash电影和应用程序。ActionScript 1.0 最初随 Flash 5 一起发布，这是第一个完全可编程的版本。Flash 6增加了几个内置函数，允许通过程序更好地控制动画元素。在Flash 7中引入了ActionScript 2.0，这是一种强类型的语言，支持基于类的编程特性，比如继承、接口和严格的数据类型。Flash 8进一步扩展了ActionScript 2.0，添加了新的类库以及用于在运行时控制位图数据和文件上传的API。Flash Player中内置的ActionScript Virtual Machine（AVM1）执行ActionScript。通过使用新的虚拟机ActionScript Virtual Machine（AVM2），大大提高了性能。

ActionScript 3.0现在为基于 Web 的应用程序提供了更多的可能性。它进一步增强了语言，提供了出色的性能，简化了开发的过程，因此更适合高度复杂的 Web 应用程序和大数据集。ActionScript 3.0可以为以 Flash Player 为目标的内容和应用程序提供高性能和开发效率，如下图所示的不同版本的ActionScript显示不同的脚本命令。

ActionScript是在Flash影片中实现互动的重要组成部分，也是Flash优越于其他动画制作软件的主要因素。ActionScript 3.0 的脚本编写功能超越了其早期版本，主要目的在方便创建拥有大型数据集和面向对象的可重用代码库的高度复杂应用程序。

ActionScript 3.0提供了可靠的编程模型，它包含了ActionScript 编程人员所熟悉的许多类和功能。相对于早期ActionScript版本改进的一些重要功能包括如下几个方面。

（1）一个更为先进的编译器代码库，可执行比早期编译器版本更深入的优化。

（2）一个新增的ActionScript虚拟机，称为AVM2，它使用全新的字节代码指令集，可使性能显著提高。

（3）一个扩展并改进的应用程序编程接口（API），拥有对对象的低级控制和真正意义上的面向对象的模型。

（4）一个基于文档对象模型（DOM）第3级事件规范的事件模型。

（5）一个基于ECMAScript for XML（E4X）规范的XML API。E4X是ECMAScript的一种语言扩展，它将XML添加为语言的本机数据类型。

02 常量

常量是相对于变量来说的，它是使用指定的数据类型表示计算机内存中的值的名称。其区别在于，在 ActionScript 应用程序运行期间只能为常量赋值一次。

常量是指在使用程序运行中保持不变的参数，常量包括数值型、字符串型和逻辑型。数值型就是具体的数值，例如x=3；字符串型是用引号括起来的一串字符，例如x=″ABC″；逻辑型是用于判断条件是否成立，例如true或1表示真（成立），false或0表示假（不成立），逻辑型常量也叫布尔常量。

若需要定义在整个项目中多个位置使用且正常情况下不会更改的值，则定义常量非常有用。使用常量而不是字面值可提高代码的可读性。

声明常量需要使用关键字 const，如下示例代码所示：

const SALES_TAX_RATE:Number = 0.4;

假设用常量定义的值需要更改，在整个项目中若使用常量表示特定值，则可以在一处位置更改此值（常量声明）。相反，若使用硬编码的字面值，则必须在各个位置更改此值。

03 变量

变量是一段有名字的连续存储空间。在源代码中通过定义变量来申请并命名这样的存储空间，最后通过变量的名字来使用这段存储空间。变量即用来存储程序中使用的值，声明变量的一种方式是使用Dim语句、Public语句和Private语句在Script中显式声明变量。要声明变量，必须将var语句和变量名结合使用。

在ActionScript 2.0中，只有当用户使用类型注释时，才需要使用var语句。在 ActionScript 3.0中，var语句不能省略使用。如要声明一个名为″z″的变量，ActionScript代码的格式为：

var z;

若在声明变量时省略了 var 语句，则在严格模式下会出现编译器错误，在标准模式下会出现运行时错误。若未定义变量z，则下面的代码行将产生错误：

z; // error if a was not previously defined

在 ActionScript 3.0 中，一个变量实际上包含三个不同部分。

（1）变量的名称。

（2）可以存储在变量中的数据类型，如String（文本型）、Boolean（布尔型）等。

（3）存储在计算机内存中的实际值。

变量的开头字符必须是字母、下划线，后续字符可以是字母数字等，但不能是空格、句号、关键字和逻辑常量等字符。

要将变量与一个数据类型相关联，则必须在声明变量时进行此操作。在声明变量时不指定变量的类型是合法的，但这在严格模式下会产生编译器警告。可通过在变量名后面追加一个后跟变量类型的冒号(:)来指定变量类型。如下面的代码声明一个int类型的变量a：

    var a : int;

变量可以赋值一个数字、字符串、布尔值和对象等。Flash会在变量赋值的时候自动决定变量的类型。在表达式中，flash会根据表达式的需要自动改变数据的类型。

可以使用赋值运算符 (=) 为变量赋值。例如，下面的代码声明一个变量a并将值10赋给它：

    var a:int;

    a = 10;

用户可能会发现在声明变量的同时为变量赋值可能更加方便，如下面的示例代码所示：

    var a:int = 10;

通常，在声明变量的同时为变量赋值的方法不仅在赋予基元值（如整数和字符串）时很常用，而且在创建数组或实例化类的实例时也很常用。下面的示例显示了一个使用一行代码声明和赋值的数组。

    var numArray:Array = ["one", "two","three"];

可以使用new运算符来创建类的实例。下面的示例创建一个名为 CustomClass的实例，并向名为customItem的变量赋予对该实例的引用：

    var customItem:CustomClass = new CustomClass();

如果要声明多个变量，则可以使用逗号运算符(,)来分隔变量，从而在一行代码中声明所有这些变量。如下面的代码在一行代码中声明3个变量：

    var a:int, b:int, c:int;

也可以在同一行代码中为其中的每个变量赋值。如下面的代码声明3个变量（x、y和z）并为每个变量赋值：

    var x:int = 5, y:int = 10, z:int = 15;

04 数据类型

ActionScript 3.0的数据类型可以分为简单数据类型和复杂数据类型两大类，简单数据类型只是表示简单的值，是在最低抽象层存储的值，运算速度相对较快。例如字符串、数字都属于简单数据，保存它们变量的数据类型都是简单数据类型。而类类型属于复杂数据类型，例如Stage类型、MovieClip类型和TextField类型都属于复杂数据类型。

ActionScript 3.0的简单数据类型的值可以是数字、字符串和布尔值等，其中，int类型、uint类型和Number类型表示数字类型，String类型表示字符串类型，Boolean类型表示布尔值类型，布尔值只能是true或false。所以，简单数据类型的变量只有3种，即字符串、数字和布尔值。

（1）String：字符串类型。

（2）Numeric：对于numeric型数据，ActionScript 3.0 包含三种特定的数据类型，分别是

　　　　Number：任何数值，包括有小数部分或没有小数部分的值。

　　　　Int：一个整数（不带小数部分的整数）。

　　　　Uint：一个"无符号"整数，即不能为负数的整数。

（3）Boolean：布尔类型，其属性值为true或false。

在ActionScript 中定义的大多数数据类型可能是复杂数据类型。它们表示单一容器中的一组值，例如数据类型为Date的变量表示单一值（某个时刻），然而，该日期值以多个值表示，即天、月、年、小时、分钟、秒等，这些值都为单独的数字。

当通过属性面板定义变量时，这个变量的类型也被自动声明了。例如，定义影片剪辑实例的变量时，变量的类型为MovieClip类型；定义动态文本实例的变量时，变量的类型为TextField类型。

常见的复杂数据类型列举如下。

- MovieClip：影片剪辑元件。
- TextField：动态文本字段或输入文本字段。
- SimpleButton：按钮元件。
- Date：有关时间中的某个片刻的信息（日期和时间）。

Section 02 ActionScript 3.0 语法基础

语法是每一种编程语言最基础的东西，例如如何设定变量，使用表达式，进行基本的运算。语法可以理解为规则，即正确构成编程语句的方式。在Flash中，必须使用正确的语法构成语句，才能使代码正确的编译和运行。本节将介绍ActionScript 3.0的基本语法。

01 关键字与保留字

在ActionScript 3.0中，不能使用关键字和保留字作为标识符，即不能使用这么关键字和保留字作为变量名、方法名、类名等。

保留字是一些单词，因为这些单词是保留给ActionScript使用的，所以不能在代码中将它们用作标识符。保留字包括词汇关键字，编译器将词汇关键字从程序的命名空间中移除。如果用户将词汇关键字用作标识符，则编译器会报告一个错误。

02 点

通过点运算符(.)提供对对象的属性和方法的访问。使用点语法，可以使用跟点运算符和属性名或方法名的实例名来引用类的属性或方法。例如：

```
class DotExample{
    public var property1:String;
    public function method1():void {}
}
var myDotEx:DotExample = new DotExample(); // 创建实例
myDotEx.property1 = "hi"; // 用点语法访问 property1属性
myDotEx.method1(); // 用点语法访问method1()方法
```

定义包时，可以使用点运算符来引用嵌套包。例如：

```
// EventDispatcher类位于一个名为events的包中，该包嵌套在名为flash的包中
flash.events; // 点语法引用events包
flash.events.EventDispatcher; // 点语法引用EventDispatcher类
```

03 分号

分号常用来作为语句的结束和循环中参数的隔离。在ActionScript 3.0中，可以使用分号字符(;)来终止语句。例如下面两行代码中所示：

```
Var myNum:Number=20;
myLabe1.height=myNum;
```

分号还可以在for循环中，分割for循环的参数。例如以下代码所示：

```
Var i:Number;
for ( i = 0;i < 5; i++) {
    trace ( i ); // 0,1,…,4
}
```

04 注释

注释是一种对代码进行注解的方法，编译器不会把注释识别成代码，注释可以使ActionScript程序更容易理解。

注释的标记为/*和//。ActionScript 3.0代码支持两种类型的注释：单行注释和多行注释。这些注释机制与C++和Java中的注释机制类似。

（1）单行注释以两个正斜杠字符"//"开头并持续到该行的末尾。例如：

```
var myNumber:Number = 10; //
```

（2）多行注释以一个正斜杠和一个星号"/*"开头，以一个星号和一个正斜杠"*/"结尾。

05 小括号

小括号用途很多，例如保存参数、改变运算的顺序等。在 ActionScript 3.0中，可以通过三种方式使用小括号()。

（1）使用小括号来更改表达式中的运算顺序，小括号中的运算优先级高。例如：

```
trace(4+ 3 * 5); // 19
trace((4+3) * 5); // 35
```

（2）使用小括号和逗号运算符","来计算一系列表达式并返回最后一个表达式的结果。例如：

```
var a:int = 6;
var b:int = 8;
trace((a--, b++, a*b)); // 45
```

（3）使用小括号向函数或方法传递一个或多个参数。例如：

```
trace("Action"); // Action
```

06 大括号

使用大括号可以对ActionScript 3.0中的事件、类定义和函数组合成块，即代码块。代码块是指左大括号"{"与右大括号"}"之间的任意一组语句。在包、类、方法中，均以大括号作为开始和结束的标记。

（1）控制程序流的结构中，用大括号{ }括起需要执行的语句。例如：

```
if (age > 18){
```

```
trace("The game is available.");
}
else{
trace("The game is not for children.");
}
```

（2）定义类时，类体要放在大括号{ }内，且放在类名的后面。例如：
```
public class Shape{
    var visible:Boolean = true;
}
```

（3）定义函数时，在大括号之间{...}编写调用函数时要执行的ActionScript代码，即{函数体}。例如：
```
function myfun(mypar:String){
trace(mypar);
}
myfun("hello world"); // hello world
```

（4）初始化通用对象时，对象字面值放在大括号{ }中，各对象属性之间用逗号","隔开。例如：
```
var myObject:Object = {propA:5, propB:6, propC:7};
```

使用运算符

Section 03

运算符是一种特殊的函数，它们具有一个或多个操作数并返回相应的值。操作数是运算符用作输入的值（通常为字面值、变量或表达式）。运算是对数据的加工，利用运算符可以进行一些基本的运算。

运算符按照操作数的个数分为一元、二元或三元运算符。一元运算符采用1个操作数，例如递增运算符(++)就是一元运算符，因为它只有一个操作数。二元运算符采用2个操作数，例如除法运算符(/)有2个操作数。三元运算符采用3个操作数，例如条件运算符(?:)采用3个操作数。

01 数值运算符

数值运算符包含+、-、*、/、%。下面将详细介绍运算符的含义：
（1）加法运算符"+"：表示两个操作数相加。
（2）减法运算符"-"：表示两个操作数相减。"-"也可以作为负值运算符，如"-5"。
（3）乘法运算符"*"：表示两个操作数相乘。
（4）除法运算符"/"：表示两个操作数相除，若参与运算的操作数都为整型，则结果也为整型。若其中一个为实型，则结果为实型。
（5）求余运算符"%"：表示两个操作数相除求余数。
如"++a"表示a的值先加1，然后返回a。"a++"表示先返回a，然后a的值加1。

02 赋值运算符

赋值运算符有两个操作数，根据一个操作数的值对另一个操作数进行赋值。所有赋值运算符具有相同的优先级。

赋值运算符包括＝赋值、＋＝相加并赋值、-＝相减并赋值、*＝相乘并赋值、/＝相除并赋值、<<＝按位左移位并赋值、>>＝按位右移位并赋值。

03 逻辑运算符

逻辑运算符即与或运算符，用于对包含比较运算符的表达式进行合并或取非。逻辑运算符包括!非运算符、&&与运算符、||或运算符。

（1）非运算符"!"具有右结合性，参与运算的操作数为true时，结果为false；操作数为false时，结果为true。

（2）与运算符"&&"具有左结合性，参与运算的两个操作数都为true时，结果才为true；否则为false。

（3）或运算符"||"具有左结合性，参与运算的两个操作数只要有一个为true，结果就为true；当两个操作数都为false时，结果才为false。

04 比较运算符

比较运算符也称为关系运算符，主要用作比较两个量的大小、是否相等等。常用与关系表达式中作为判断的条件。比较运算符包括<小于、>大于、<=小于或等于、>=大于或等于、!=不等于、==等于。

比较运算符是二元运算符，有两个操作数，对两个操作数进行比较，比较的结果为布尔型，即true或者false。

比较运算符优先级低于算术运算符，高于赋值运算符。若一个式子中既有比较运算、赋值运算，也有算术运算，则先做算术运算，在做关系运算，最后做赋值运算。例如：

a=1+2>3-1

即等价于a=（（1+2）>（3-1））关系成立，a的值为1。

05 等于运算符

等于运算符为二元运算符，用来判断两个操作数是否相等。等于运算符也常用于条件和循环运算，它们具有相同的优先级。等于运算符包括==等于、!＝不等于、===严格等于、!==严格不等于。

06 位运算符

位运算符包括&按位与、|按位或、^按位异或、~按位非、<<左移位、>>右移位、>>>右移位填零。

（1）位与"&"运算符主要是把参与运算的两个数各自对应的二进位相与，只有对应的两个二进位均为1时，结果才为1，否则为0。参与运算的两个数以补码形式出现。

（2）位或"|"运算符是把参与运算的两个数各自对应的二进制位相或。

（3）位非"~"运算符是把参与运算的数的各自二进制位按位求反。

（4）位异或"^"运算符是把参与运算的两个数所对应二进制位相异或。

（5）左移"<<"运算符是把"<<"运算符左边的数的二进制位全部左移若干位。

（6）右移">>"运算符是把">>"运算符左边的数的二进制位全部右移若干位。

Section 04 动作面板的使用

在Flash中，动作脚本的编写都是在"动作"面板的编辑环境中进行，熟悉"动作"面板是十分必要的。如果要实现交互性的特效，就必须为其添加相应的脚本语言。

01 认识"动作"面板

脚本语言是指实现某一具体功能的命令语句或实现一系列功能的命令语句组合。在Flash CS6中，选择"窗口>动作"命令，或按【F9】快捷键，即可打开"动作"面板，可以看到"动作"面板的编辑环境由左右两部分组成，左侧部分又分为上、下两个窗口，如右图所示。

"动作"面板由动作工具箱、脚本导航器和脚本窗口3个部分组成，各部分的功能分别如下：

（1）动作工具箱

动作工具箱位于"动作"面板左上方，可以按照下拉列表中所选不同的ActionScript版本类别显示不同的脚本命令。单击前面的图标展开每一个条目，可以显示出对应条目下的动作脚本语句元素，双击选中的语句即可将其添加到编辑窗口。

（2）脚本导航器

脚本导航器位于"动作"面板的左下方，其中列出了当前选中对象的具体信息，如名称、位置等。单击脚本导航器中的某一项目，与该项目相关联的脚本则会出现在"脚本"窗口中，并且场景上的播放头也将移到时间轴上的对应位置上。

（3）脚本窗口

脚本窗口是添加代码的区域。可以直接在"脚本"窗口中编辑动作、输入动作参数或删除动作，也可以双击"动作"工具箱中的某一项或"脚本编辑"窗口上方的"添加脚本"工具，向"脚本"窗口添加动作。脚本可以是ActionScript、Flash Communication或Flash JavaScript文件。

02 使用"动作"面板

在"脚本"编辑窗口的上面有一排工具图标，如下图所示。在编辑脚本的时候，这些工具会被激活，用户可以方便适时的使用它们的功能。

主要工具按钮的功能分别如下。

（1）"将新项目添加到脚本中"按钮：单击该按钮，在弹出的菜单中显示需要添加的脚本命令，如下左图所示，选择相应的命令，即可将脚本添加到脚本窗口中。

（2）"查找"按钮🔍：单击该按钮，打开"查找和替换"对话框，如下右图所示，可以查找或替换脚本中的文本或者字符串。

（3）"插入目标路径"按钮⊕：单击该按钮，打开"插入目标路径"对话框，如下左图所示。用于设置脚本中的某个动作为绝对或相对路径。

（4）"语法检查"按钮✔：单击该按钮，检查当前脚本中的语法错误。如果出现错误，将自动打开"编译器错误"面板，在该面板中显示错误报告，如下右图所示。

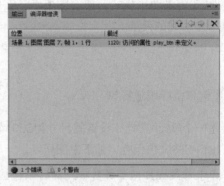

（5）"自动套用格式"按钮▤：单击该按钮，可以设置脚本为实现编码语法的正确性和可读性，在"首选参数"对话框中设置自动套用格式首先参数，如下左图所示。

（6）"显示代码提示"按钮🗒：单击该按钮，用于显示或关闭自动代码提示，显示正在处理的代码提示，如下右图所示。

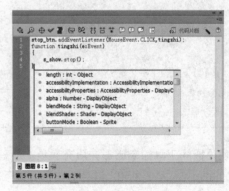

（7）"调试选项"按钮🐞：单击该按钮，即可在打开的下拉菜单中设置或删除断点，以便在调试时可以逐行执行脚本，如下页右图所示。调试选项只适用于ActionScript文件使用，对Flash Communication或Flash JavaScript文件不能使用此选项。

（8）"折叠成对大括号"按钮 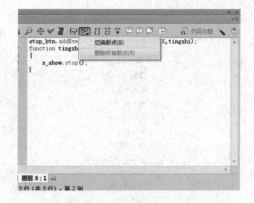 ：单击该按钮，可以对出现在当前包含插入点的成对大括号或小括号间的代码进行折叠。

（9）"折叠所选"按钮 ：单击该按钮，可以对所选择的代码进行折叠；按住Alt键，可折叠所选之外的代码部分。

（10）"展开全部"按钮 ：单击该按钮，展开当前脚本中所有折叠的代码。

（11）"应用块注释"按钮 ：单击该按钮，块注释字符将被置于所选代码块的开头（/*）和结尾（*/）。

（12）"代码片段"按钮 ：单击该按钮，将弹出代码片段库对话框。代码库可以让用户方便的通过导入和导出功能，管理代码，是常用代码集合。

（13）"脚本助手"按钮  ：单击该按钮，将在"动作"面板中打开脚本助手模式，如右图所示，在脚本助手模式下创建脚本所需的元素。

⚒ 例7-1 制作鼠标跟随特效

Step 01 新建一个Flash文档，设置其尺寸为600*450像素，帧频为30。将素材图片导入到库中。按快捷键Ctrl+Shift+S将文件保存，如下左图所示。

Step 02 将库中背景图片拖至舞台中，然后调整其大小和位置。在图层1上方新建图层2，新建影片剪辑元件"rectangle"，如下右图所示。

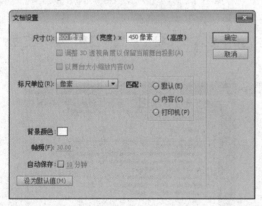

Step 03 使用椭圆工具绘制圆形并填充颜色。新建图层2，使用文本工具输入字母"N"，并设置字体为"Wide Latin"，大小为50，颜色为白色，如下左图所示。

Step 04 新建影片剪辑元件"rectangle movie"，将影片剪辑元件"rectangle"拖至舞台，并分别在第30、60、90、120、150帧处插入关键帧。在第1帧处输入控制脚本"stop();"，如下右图所示。

Step 05 设置第1帧的Alpha值为0%，并依次改变第30、60、90、120帧中元件的高级颜色为（255,0,0）、（0,255,0）、（255,255,0）、（0,0,255）。在第1~150帧间创建传统补间动画，如下左图所示。

Step 06 返回到主场景，将影片剪辑元件"rectangle movie"拖至舞台合适位置。新建图层"actions"，在第1帧对应的动作面板中输入控制脚本。最后按快捷键Ctrl＋Enter测试动画即可，如下右图所示。

 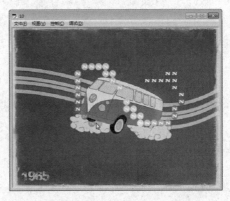

Section 05 脚本的编写与调试

添加脚本可分为两种：一是把脚本编写在时间轴上面的关键桢上（必须是关键桢上才可以添加脚本）；二是把脚本编写在对象身上，比如把脚本直接写在MC（影片剪辑元件的实例）上、按钮上。本节将介绍一些基础脚本的使用技巧。

01 编写脚本

制作引人入胜的动画，需要用到动作脚本对动画进行编程控制。Actionscript是Flash的脚本撰写语言，通过它可以制作各种特殊效果。Flash中的所有脚本命令语言都在"动作面板"中编写。

基本的AS命令包括stop()、play()、gotoAndPlay()、gotoAndStop()、nextFrame()、prevFrame()、nextScene()、prevScene()、stopAllSounds()等。AS语法的大小写是敏感的，例如gotoAndPlay()正确，gotoAndplay()错误，关键字的拼写必须和语法一致。

1．播放动画

选择"窗口>动作"命令，打开动作面板，在脚本编辑区中输入相应的代码即可。

如果动作附加到某一个按钮上，那么该动作会被自动包含在处理函数on (mouse event)内，其代码如下所示。

```
on (release) {
play();
}
```

如果动作附加到某一个影片剪辑中，那么该动作会被自动包含在处理函数onClipEvent内，其代码如下所示。

```
onClipEvent (load) {
play();
}
```

2．停止播放动画

停止播放动画脚本的添加与播放动画脚本的添加相类似。

如果动作附加到某一按钮上，那么该动作会被自动包含在处理函数on (mouse event)内，其代码如下所示。

```
on (release) {
    stop();
}
```

如果动作附加到某个影片剪辑中，那么该动作会被自动包含在处理函数onClipEvent内，其代码如下所示。

```
onClipEvent (load) {
stop();
}
```

3．跳到某一帧或场景

要跳到影片中的某一特定帧或场景，可以使用goto动作。该动作在"动作"工具箱作为两个动作列出：gotoAndPlay和gotoAndStop。当影片跳到某一帧时，可以选择参数来控制是从新的一帧播放影片（默认设置）还是在当前帧停止。

例如将播放头跳到第10帧，然后从那里继续播放：

```
gotoAndPlay(10);
```

例如将播放头跳到该动作所在的帧之前的第5帧：

```
gotoAndStop(_currentframe+5);
```

当单击指定的元件实例后，将播放头移动到时间轴中的下一场景并在此场景中继续回放：

```
button_1.addEventListener(MouseEvent.CLICK, fl_ClickToGoToNextScene);
function fl_ClickToGoToNextScene(event:MouseEvent):void
{
    MovieClip(this.root).nextScene();
}
```

4．跳到不同的URL地址

若要在浏览器窗口中打开网页，或将数据传递到所定义URL处的另一个应用程序，可以使用getURL动作。

如下代码片段表示单击指定的元件实例会在新浏览器窗口中加载URL，即单击后跳转到相应Web页面。

```
button_1.addEventListener(MouseEvent.CLICK, fl_ClickToGoToWebPage);
function fl_ClickToGoToWebPage(event:MouseEvent):void
{
    navigateToURL(new URLRequest("http://www.sina.com"), "_blank");
}
```

对于窗口来讲，可以指定要在其中加载文档的窗口或帧。

- _self用于指定当前窗口中的当前帧。
- _blank用于指定一个新窗口。
- _parent用于指定当前帧的父级。
- _top用于指定当前窗口中的顶级帧。

02 调试脚本

一般来说，高级语言的编程和程序的调试都是在特定的平台上进行的。而ActionScript可以在动作面板中进行编写，不能在动作面板中测试。FlashCS6为预览、测试、调试ActionScript脚本程序提供了一系列的工具，其中包括专门用来调试ActionScript脚本的调试器。

ActionScript 3.0调试器仅用于ActionScript 3.0 FLA和AS文件。启动一个ActionScript 3.0调试会话时，Flash将启动独立的Flash Player调试版来播放SWF文件。调试版Flash播放器从Flash创作应用程序窗口的单独窗口中播放SWF。

1．进入调试模式

开始调试会话的方式取决于正在处理的文件类型。如从FLA文件开始调试，则选择"调试>调试影片>调试"命令，打开调试所用面板的调试工作区，如右图所示。调试会话期间，Flash遇到断点或运行时错误时将中断执行ActionScript。

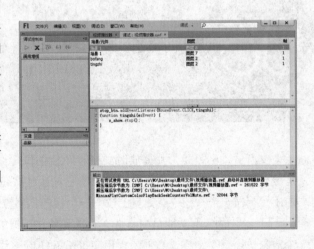

ActionScript 3.0调试器将Flash工作区转换为显示调试所用面板的调试工作区，包括动作面板、"调试控制台"和"变量"面板。调试控制台显示调用堆栈并包含用于跟踪脚本的工具。"变量"面板显示了当前范围内的变量及其值，并允许用户自行更新这些值。

Flash启动调试会话时，将在为会话导出的SWF文件中添加特定信息。此信息允许调试器提供代码中遇到错误的特定行号。用户可以将此特殊调试信息包含在所有从发布设置中通过特定FLA文件创建的SWF文件中。这将允许用户调试SWF文件，即使并未显式启动调试会话。

2．调试远程ActionScript 3.0 SWF文件

利用ActionScript 3.0，可以通过使用Debug Flash Player的独立版本、ActiveX版本或者插件版本调试远程SWF文件。但是，在ActionScript 3.0调试器中，远程调试限制于和Flash创作应用程序位于同一本地主机上，并且正在独立调试播放器、ActiveX控件或插件中播放的文件。

若要允许远程调试文件，需在"发布设置"中启用"允许调试"。也可以发布带有调试密码的文件以确保只有可信用户才能调试。下面将对启用SWF文件的远程调试并设置调试密码的操作进行介绍。

（1）打开FLA文件，在"发布设置"对话框中启用"允许调试"复选项，如下左图所示。接着选择"文件>导出>导出影片"命令，弹出"导出影片"对话框。

（2）从中选择存储路径将SWF文件保存，以在本地主机上执行远程调试会话。选择"调试>开始远程调试会话>ActionScript 3.0"命令，打开如下右图所示的窗口，并等待播放器连接。

（3）在调试版本的Flash Player插件或ActiveX控件中打开SWF文件。当调试播放器连接到 Flash ActionScript 3.0调试器面板时，调试会话开始。

Section 06 创建交互式动画

目前，互连网上用Flash制作的站点越来越多，其神奇的表现令人流连忘返，叹为观止。特别是其交互性设计，更令网页多了几分灵气，本节介绍一下交互性动画的创建方法。

交互式动画是指影片播放时支持时间相应和交互功能，动画在播放时能够接受到某种控制，而不是像普通动画那样从头到尾进行播放。它是通过按钮元件和动作脚本语言ActionScript实现的。例如用户用鼠标按一个按钮或在键盘上按下一个键时，将激活一个对应的动作操作。

Flash中的交互功能是由事件、对象和动作组成的。创建交互式动画就是要设置在某种事件下对某个对象执行某个动作。事件是指用户单击按钮或影片剪辑实例、按下键盘等操作；动作指使播放的动画停止、使停止的动画重新播放等操作。

1．事件

按照触发方式的不同，事件可以分为帧事件和用户触发事件。帧事件是基于时间的，如当动画播放到某一时刻时，事件就会被触发。用户触发事件是基于动作的，包括鼠标事件、键盘事件和影片剪辑事件。下面简单介绍一些用户触发事件。

- press：当鼠标指针移到按钮上时，按下鼠标发生的动作。
- release：在按钮上方按下鼠标，然后松开鼠标发生的动作。
- rollOver：当鼠标滑入按钮时发生的而动作。
- dragOver：按住鼠标不放，鼠标滑入按钮发生的动作。
- keyPress：当按下指定键时发生的动作。
- mouseMove：当移动鼠标时发生的动作。
- load：当加载影片剪辑元件到场景中时发生的动作。
- enterFrame：当加入帧时发生的动作。
- date：当数据接收到和数据传输完时发生的动作。

2．动作

动作是ActionScript脚本语言的灵魂和编程的核心，用于控制动画播放过程中相应的程序流程和播放状态。

- Stop()语句：用于停止当前播放的影片，最常见的运用是使用按钮控制影片剪辑。
- gotoAndPlay()语句：跳转并播放，跳转到指定的场景或帧，并从该帧开始播放；如果没有指定场景，则跳转到当前场景的指定帧。
- getURL语句：用于将指定的URL加载到浏览器窗口，或者将变量数据发送给指定的URL。
- stopAllSounds语句：用于停止当前在Flash Player中播放的所有声音，该语句不影响动画的视觉效果。

知识链接 正确设置参数的重要性

在Flash中，大多数动作语句都带有参数，用户必须正确设置这些参数才能保证动作的正确性。

设计师训练营 场景特效设计

下面将利用前面所学的知识，练习制作交互动画的创建方法与技巧。

Step 01 打开素材文件"场景特效设计.fla"，选择背景图层，将库中的背景元件拖入舞台，并在第4帧插入普通帧，如下左图所示。

Step 02 新建图层星空，将库中的影片剪辑元件星空拖入舞台，调整位置，如下右图所示。

Step 03 新建影片剪辑元件烟花，在第1、3、5……47、49帧处插入关键帧，将库中的烟花素材图片依次拖入编辑区，制作烟花爆炸的逐帧动画，如下左图所示。

Step 04 新建影片剪辑元件烟花动画，将元件动画拖入编辑区，在第130帧处插入普通帧，如下右图所示。

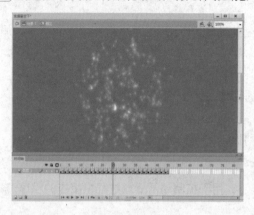 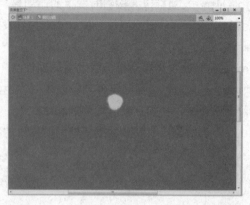

Step 05 新建图层2，在第15帧处插入关键帧，将烟花元件拖入编辑区，调整大小及位置，选中元件，在属性面板中设置其色彩效果，如下左图所示。

Step 06 参照步骤5，新建图层2~5，将烟花元件拖入编辑区，设置其色彩效果，如下右图所示。

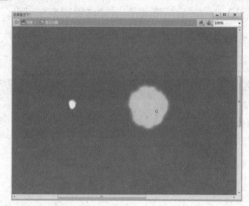 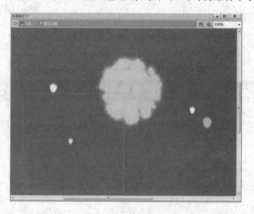

Step 07 新建图层6，在第39、93帧插入关键帧，将库中的声音素材拖入编辑区，如下左图所示。

Step 08 新建影片剪辑元件吹气泡，将库中的泡泡1元件拖入舞台，并在第80帧处插入关键帧。右键该图层，在弹出的快捷菜单中选择"添加传统运动引导层"命令，以创建引导层，选择钢笔工具，绘制一条线段作为路径，如下右图所示。

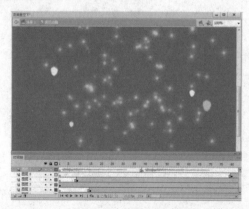 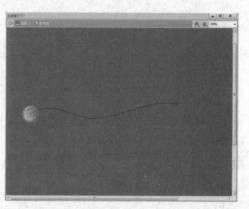

Step 09 选择泡泡1元件，设置第1帧所对应实例的中心点与曲线的左端点对齐，作为运动起点，选择第80帧所对应的实例，将其与曲线的右端点对齐，作为运动的终点，如下左图所示。

Step 10 在图层1的第1~80帧之间创建传统补间动画，此时泡泡1元件的引导动画创建完成，如下右图所示。

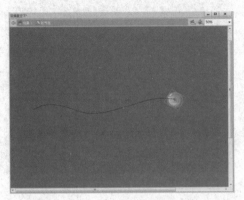 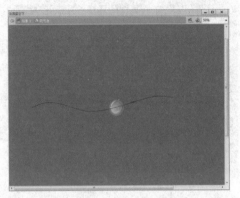

Step 11 使用相同的方法，创建其他泡泡的引导动画，如下左图所示。

Step 12 新建元件花瓣，将花瓣1元件拖入舞台，在第40帧处插入关键帧，创建其引导层，使用钢笔工具，绘制一条线段作为路径，如下右图所示。

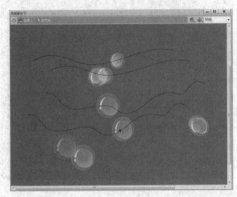 

Step 13 设置第1帧所对应实例的中心点与曲线的右端点对齐，作为运动起点，选择第40帧所对应的实例，将其与曲线的左端点对齐，作为运动的终点，如下左图所示。

Step 14 在图层1的第1~40帧之间创建传统补间动画，此时泡泡1元件的引导动画创建完成，如下右图所示。

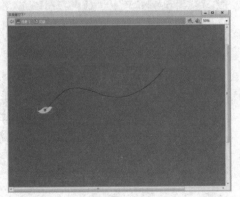 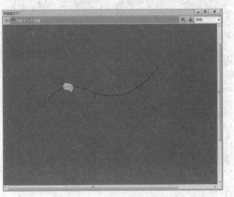

Step 15 使用相同的方法，创建其他花瓣的引导层，如下左图所示。

Step 16 新建影片剪辑元件撒花瓣，选择图层1，将元件花瓣拖入编辑区，在第105帧处插图普通帧，如下右图所示。

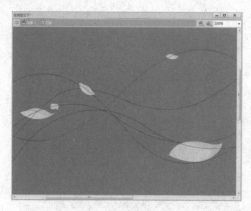 

Step 17 复制图层1，将图层1复制1、2的第1帧关键帧分别拖到第8、15帧，如下左图所示。

Step 18 返回场景1，新建图层动画，在第1~4帧分别插入关键帧，将烟花动画、吹气泡、撒花瓣元件分别放置在第2、3、4关键帧处，如下右图所示。

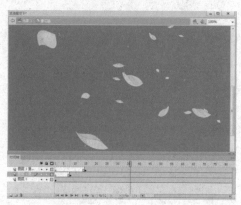 

Step 19 新建按钮元件1，选择文本工具输入文本，选择铅笔工具，绘制轮廓形状，在第1~4帧分别插入关键帧，如下左图所示。

Step 20 新建图层2，选择矩形工具，绘制矩形，并转化为元件，设置其alpha值为0%，如下右图所示。

Step 21 使用同样的方法，制作吹气泡、撒花瓣按钮。返回场景1，新建按钮图层，将按钮拖入舞台，如下左图所示。

Step 22 打开动作面板，选择按钮元件，为其添加控制脚本，如下右图所示。

 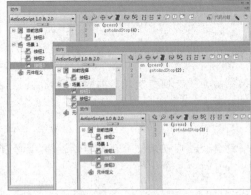

Step 23 新建图层AS，选择第1帧，在动作面板中添加控制脚本stop();，如下左图所示。

Step 24 新建音乐图层，将声音素材拖入舞台中，保存文件，按Ctrl+Enter组合键，对该动画进行测试，如下右图所示。

1. 选择题

（1）Flash 内嵌的脚本程序是（　　）。

A. ActionScript　　　　　　　　B. VBScript

C. JavaScript　　　　　　　　　D. Jscript

（2）使播放头跳转到指定场景内的指定帧并停止的函数应该是（　　）。

A. gotoAndPlay　　　　　　　　B. gotoAndStop

C. play　　　　　　　　　　　　D. stop

（3）使动画或动画中某一个影片剪辑跳转到指定的帧的脚本语句是（　　）。

A. getURL　　　　　　　　　　B. tellTarget

C. goto　　　　　　　　　　　　D. fscommand

（4）测试影片的快捷键是（　　）。

A. Ctrl+Alt+Enter　　　　　　　B. Ctrl+Enter

C. Ctrl+Shift+Enter　　　　　　D. Alt+Shift+Enter

（5）要跳到影片中的某一特定帧或场景，可以使用（　　）动作。

A. goto　　　　　　　　　　　　B. play

C. on　　　　　　　　　　　　　D. stop

2. 填空题

（1）_____是在 Flash 影片中实现互动的重要组成部分，也是 Flash 优越于其他动画制作软件的主要因素。

（2）变量可以赋值一个_____、字符串、_____和对象等。Flash 会在变量赋值的时候自动决定变量的类型。

（3）_____只是表示简单的值，是在最低抽象层存储的值，运算速度相对较快。

（4）"动作"面板由动作工具箱、_____和脚本窗口 3 个部分组成。

（5）若要在浏览器窗口中打开网页，或将数据传递到所定义 URL 处的另一个应用程序，可以使用_____动作。

3. 上机题

通过本章的学习，制作一个鼠标触碰导航的效果。当鼠标经过导航上的按钮时，会出现火光效果，鼠标离开时，按钮恢复原有状态。

操作提示

① 创建传统补间动画。

② 创建逐帧动画，制作火光效果。

③ 创建按钮元件。

④ 为按钮添加控制脚本。

Chapter

08

音频与视频的应用

　　在动画设计中，声音与视频的应用将会使动画效果表现得更加完美，可以说，多媒体效果的添加与否是衡量动画效果的标准之一。我们可以试想一下，如果是一个没有声音的动画情节，那么其效果必将大打折扣。在Flash CS6中，音视频的编辑处理功能得到了更好的补充与完善，本章将对这方面的知识进行详细介绍。

重点难点

● 在动画中添加音效

● Flash中声音的优化方法

● 向Flash中导入视频的方法

在动画中添加音效

Flash CS6提供了多种使用声音的方式。通过不同的设置方式可以使声音独立于时间轴连续播放，或使动画与一个声音同步播放；还可以向按钮添加声音，使按钮具有更强的感染力。另外，通过设置淡入淡出效果可以使声音更加完美的表现到观众面前。

01 声音类型

在Flash CS6中支持的声音文件有两种类型：事件声音和流声音。下面分别向用户介绍这两种声音类型的特点及应用。

1. 事件声音

事件声音必须下载完成才能播放，一旦开始播放，中间是不能停止的。事件声音可以用于制作单击按钮时出现的声音效果，也可以把它放在任意想要放置的地方。

在Flash CS6中，关于事件声音需注意以下3点。

- 事件声音在播放之前必须完整下载。有些动画下载时间很长，可能是因为其声音文件过大而导致的。如果要重复播放声音，不必再次下载。
- 事件声音不论动画是否发生变化，它都会独立地把声音播放完毕。如果到播放另一声音时，它也不会因此停止播放，所以有时会干扰动画的播放质量，不能实现与动画同步播放。
- 事件声音不论长短，都能只插入到一个帧中去。

2. 流声音

流声音与动画的播放是保持同步的，所以只需要下载前几帧就可以开始播放了。流声音可以说是依附在帧上的，动画播放的时间有多长，流声音播放的时间就有多长。即使导入的声音文件还没有播放完，也将停止播放。

在Flash CS6中，关于流声音需要注意以下两点。

- 流声音可以边下载边播放，所以不必担心出现因声音文件过大而导致下载过长的现象。因此，可以把流声音与动画中的可视元素同步播放。
- 流声音只能在它所在的帧中播放。

02 声音格式

在Flash CS6中支持的声音格式有MP3、WAV和AIFF（仅限苹果机）格式。下面将对最常用的音频格式进行介绍。

1. MP3格式

MP3是使用最为广泛的一种数字音频格式。MP3是利用 MPEG Audio Layer 3 的技术，将音乐以1:10 甚至 1:12 的压缩率，压缩成容量较小的文件，换句话说，能够在音质丢失很小的情况下把文件压缩到更小的程度，而且还非常好的保持了原来的音质。

对于追求体积小、音质好的Flash MTV来说，MP3是最理想的格式。经过压缩，体积很小，它的取样与编码的技术优异。虽然MP3经过了破坏性的压缩，但是其音质仍然大体接近CD的水平。

2．WAV格式

WAV为微软公司（Microsoft)开发的一种声音文件格式，是录音时用的标准的WINDOWS文件格式，文件的扩展名为"WAV"，数据本身的格式为PCM或压缩型，属于无损音乐格式的一种。

WAV文件作为最经典的Windows多媒体音频格式，应用非常广泛，它使用三个参数来表示声音：即采样位数、采样频率和声道数。

WAV音频格式的优点包括：简单的编/解码（几乎直接存储来自模/数转换器（ADC）的信号）、普遍的认同/支持以及无损耗存储。WAV格式的主要缺点是需要音频存储空间，对于小的存储限制或小带宽应用而言，这可能是一个重要的问题。因此，在Flash MTV中并没有得到广泛的应用。

3．AIFF格式

AIFF是音频交换文件格式（Audio Interchange File Format）的英文缩写，是Apple公司开发的一种声音文件格式，被Macintosh平台及其应用程序所支持。AIFF是Apple苹果电脑上面的标准音频格式，属于QuickTime技术的一部分。

AIFF支持各种比特决议，采样率和音频通道。AIFF应用于个人电脑及其它电子音响设备以存储音乐数据。AIFF支持ACE2、ACE8、MAC3和MAC6压缩，支持16位44.1kHz立体声。

专家技巧 调用声音文件的方法

在制作MV或游戏时，调用声音文件需要占用一定数量的磁盘空间和随机存取储存器空间，用户可以使用比WAV或AIFF格式压缩率高的MP3格式声音文件，这样可以减小作品体积，提高作品下载的传输速率。

03　为对象导入声音

当用户准备好所需要的声音素材后，就可以通过导入的方法，将其导入库中或者舞台中，从而添加到动画中，以增强Flash作品的吸引力。

选择"文件>导入>导入到库"命令，弹出导入到库对话框，从中选择音频文件，单击"打开"按钮，即可将音频文件导入到"库"面板中，并以一个"喇叭"的图标 来标识，如右图所示。

声音导入到"库"中之后，选中图层，只需将声音从"库"中拖入舞台中即可添加到当前图层中。

04　在Flash中编辑声音

声音添加完成后，可以对声音的效果进行设置或编辑，例如剪裁、改变音量和使用Flash预置的多种声效对声音进行设置等，从而使其符合动画的要求。

对于导入的音频文件，可以通过"声音属性"对话框、"属性"面板和"编辑封套"对话框处理声音效果。

1．设置声音属性

打开"声音属性"对话框，在该对话框中可以对导入的声音进行属性设置。在Flash CS6中，打开"声音属性"对话框有以下3种方法。

● 在"库"面板中选择音频文件，在"喇叭"图标上双击鼠标左键。
● 在"库"面板中选择音频文件，单击鼠标右键，在弹出的快捷菜单中选择"属性"命令。
● 在"库"面板中选择音频文件，单击面板底部的"属性"按钮。

在"声音属性"对话框中，以查看音频文件的属性，对当前音频的压缩方式进行调整，也可以重命名音频文件，如下图所示。

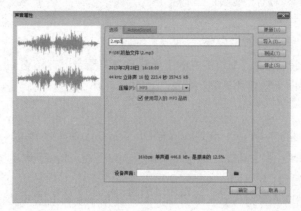

2. 设置声音的同步方式

同步是设置声音的同步类型，即设置声音与动画是否进行同步播放。单击"属性"面板"声音"栏中的"同步"下拉列表，弹出如右图所示的下拉列表，在"同步"下拉列表中各个选项的含义分别如下。

（1）事件

Flash默认选项，选择该选项，必须等声音全部下载完毕后才能播放动画，声音开始播放，并独立于时间轴播放完整个声音，即使影片停止也继续播放。一般在不需要控制声音播放的动画中使用。

（2）开始

该选项与事件选项的功能近似，若选择的声音实例已在时间轴上的其他地方播放过了，Flash将不会再播放该实例。

（3）停止

可以使正在播放的声音文件停止。

（4）数据流

将使动画与声音同步，以便在Web站点上播放。

3. 设置声音的重复播放

如果要使声音在影片中重复播放，可以在"属性"面板中设置声音重复或者循环播放。在"声音循环"下拉列表框中有两个选项，如右图所示。

（1）重复

选择该选项，在右侧的文本框中可以设置播放的次数，默认的是播放一次。

（2）循环

选择该选项，声音可以一直不停地循环播放。

4．设置声音的效果

在"效果"下拉列表框中进行选择可以为声音添加不同的效果。在"属性"面板"声音"栏中的"效果"下拉列表框中提供了多种播放声音的效果选项，如下图左所示。

在"效果"下拉列表框中各个选项的含义分别如下：

无：不使用任何效果。

左声道/右声道：只在左声道或者右声道播放音频。

从右到左淡出：声音从右声道传到左声道。

从左到右淡出：声音从左声道传到右声道。

淡入：表示在声音的持续时间内逐渐增大声强。

淡出：表示在声音的持续时间内逐渐减小声强。

自定义：自己创建声音效果，选择该选项，弹出编辑封套对话框，在该对话框中编辑音频，如下右图所示。

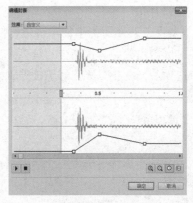

在"编辑封套"对话框中，分为上下两个编辑区，上方代表左声道波形编辑区，下方代表右声道编辑区，在每一个编辑区的上方都有一条带有小方块的控制线，可以通过控制线调整声音的大小、淡出和淡入等。

> **知识链接** 在"编辑封套"对话框中各选项的含义
>
> （1）效果：在该下拉列表框中用户可以设置声音的播放效果。
> （2）播放声音按钮▶和停止声音■：可以播放或暂停编辑后的声音。
> （3）放大◎和缩小◎：单击这两个按钮，可以使显示窗口内的声音波形在水平方向放大或缩小。
> （4）秒◎和帧◎：单击该按钮，可以在秒和帧之间切换时间单位。
> （5）灰色控制条：拖动上下声音波形之间刻度栏内的左右两个灰色控制条，可以截取声音片断。

05 在Flash中优化声音

在Flash动画中加入声音可以极大的丰富动画的表现效果，但是如果声音不能很好的与动画衔接或者声音文件太大影响Flash的运行速度，效果就会大打折扣。所以此时就应当通过对声音优化与压缩来调节声音品质和文件大小达到最佳平衡。

当用户把Flash文件导入到网页中时，由于网速的限制，不得不考虑Flash动画的大小。打开"声音属性"对话框，在该对话框的"压缩"下拉列表框中包含"默认"、"ADPCM"、"MP3"、"Raw"和"语音"5个选项，下面将分别对其进行介绍，如下图所示。

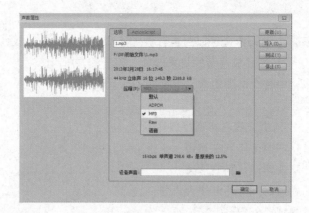

1．默认

选择"默认"压缩方式，将使用"发布设置"对话框中的默认声音压缩设置。

2．ADPCM

ADPCM压缩适用于对较短的事件声音进行压缩，可以根据需要设置声音属性，例如鼠标点击音这样的短事件音，一般选用该压缩方式。选择该选项后，会在"压缩"下拉列表框的下方出现有关ADPCM压缩的设置选项，如右图所示。

其中，各主要选项的含义介绍如下。

（1）预处理

如果选中"将立体声转换成单声道"复选框，会将混合立体声转换为单声道，而原始声音为单声道则不受此选项影响。

（2）采样率

采样率的大小关系到音频文件的大小，适当调整采样率既能增强音频效果，又能减少文件的大小。较低的采样率可减小文件，但也会降低声音品质。Flash不能提高导入声音的采样率。例如导入的音频为11kHz，即使将它设置为22 kHz，也只是11kHz的输出效果。

在采样率下拉列表中各选项含义如下。

- 5 kHz的采样率仅能达到一般声音的质量，例如电话、人的讲话简单声音。
- 11 kHz的采样率是一般音乐的质量，是CD音质的四分之一。
- 22 kHz 采样率的声音可以达到CD音质的一半，一般都选用这样的采样率。
- 44 kHz的采样率是标准的CD音质，可以达到很好的听觉效果。

（3）ADPCM位

可以从下拉列表框中选择2～5位的选项，据此可以调整文件的大小。

3．MP3

MP3压缩一般用于压缩较长的流式声音，它的最大特点就是接近于CD的音质。选择该选项，会在"压缩"下拉列表框的下方出现与有关MP3压缩的设置选项，如右图所示。其中各主要选项的含义如下。

（1）比特率

用于决定导出的声音文件每秒播放的位数。到导出声音时，需要将比特率设为16 kbit/s或更高，以获得最佳效果，比特率的范围为8～160kbit/s。

（2）品质

可以根据压缩文件的需求，进行适当的选择。在该下拉列表框中包含〝快速〞、〝中〞和〝最佳〞3个选项。

4．Raw

Raw压缩选项导出的声音文件是不经过压缩的。如果选择〝Raw〞选项，则在导出动画时不会压缩声音。选择该选项后，会在〝压缩〞下拉列表框的下方出现与有关原始压缩的设置选项，如右图所示。

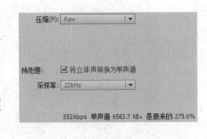

设置〝压缩〞类型为〝Raw〞方式后，只需要设置采样率和预处理，具体设置与ADPCM压缩设置相同。

5．语音

〝语音〞压缩选项是一种特别适合于语音的压缩方式导出声音。选择该选项后，会在〝压缩〞下拉列表框的下方出现有关语音压缩的设置选项，如右图所示。只需要设置采样率和预处理即可。

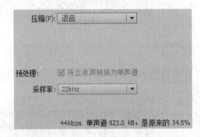

✖ 例8-1 制作歌曲排行榜

Step 01 打开歌曲〝歌曲排行榜素材.fla〞文件，如下左图所示。

Step 02 新建按钮元件btn，在第四帧处插入空白关键帧，使用矩形工具，绘制矩形，如下右图所示。

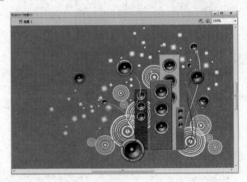 

Step 03 新建影片剪辑元件菜单，将图层1重命名为标题，选择文字工具，在舞台上输入文本，如下左图所示。

Step 04 新建按钮图层，将库中的按钮元件拖入舞台并复制，在属性面板中，分别设置实例的名称为btn1~btn4，如下右图所示。

Step 05 新建内容图层，使用直线工具绘制图形并填充颜色，将其复制、对齐，然后将库中的音符元件拖入舞台中，调整位置，如下左图所示。

Step 06 使用文字工具，在编辑区中输入文本。设置文本大小与样式，如下右图所示。

 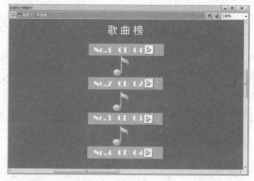

Step 07 返回场景1，在背景图层上方新建菜单图层，将元件菜单拖入舞台合适位置，如下左图所示。

Step 08 选择元件，在属性面板中设置其实例名称为list，如下右图所示。

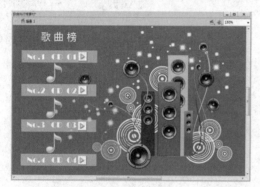 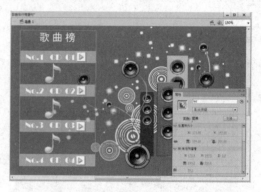

Step 09 在菜单图层上方新建AS图层，选择第1帧，打开动作面板，为其添加相应的控制脚本，如下左图所示。

Step 10 保存文件，按【Ctrl+Enter】组合键对动画进行测试，如下右图所示。

 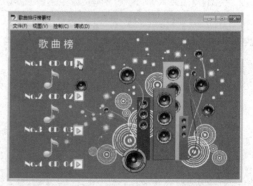

专家技巧 声音的压缩设置

　　用户可以选择单个事件声音的压缩选项，然后用这些设置导出声音。也可以给单个音频流选择压缩选项。但是，文档中的所有音频流都将导出为单个流文件，而且所用的设置是所有应用于单个音频流的设置中的最高级别。这包括视频对象中的音频流。

Section 02

在动画中插播视频

在Flash CS6中不仅可以导入图像素材，还可以导入视频。视频是图像的有机序列，是多媒体重要要素之一。在Flash中使用视频的时候，可以进行导入、裁剪等操作，还可以控制播放进程，但是不能修改视频中的具体内容。例如，导入一段视频，可以修改它的时间起点、时间终点和显示区域，但是不能改变画面中的文字和人物。

01 视频类型

Flash CS6是一种功能非常强大的工具，可以将视频镜头融入基于Web的演示文稿。如果用户系统上安装了QuickTime 4及更高版本（Windows或Macintosh）或 DirectX 7 及更高版本（仅限 Windows），则可以导入多种文件格式的视频剪辑，包括 MOV（QuickTime影片）、AVI（音频视频交叉文件）和 MPG/MPEG（运动图像专家组文件）等格式；还可以导入 MOV 格式的链接视频剪辑；还可以将带有嵌入视频的 Flash 文档发布为 SWF 文件、带有链接视频的 Flash 文档必须以 QuickTime 格式发布。

为了大多数计算机考虑，使用Sorenson Spark编解码器编码FLV文件是明智之选。FLV是Flash video的简称，FLV流媒体格式是一种新的视频格式。由于它形成的文件极小，加载速度快，有效的解决了视频文件导入Flash后使导出的swf文件体积庞大，不能在网络上很好使用的缺点。

FLV和F4V(H.264)视频格式具备技术和创意优势，允许您将视频、数据、图形、声音和交互式控制融为一体。FLV或F4V视频使用户可以轻松地将视频以几乎任何人都可以查看的格式放在网页上。

02 导入视频文件

在Flash CS6中，可以将现有的视频文件导入到当前文档中，通过指导用户完成选择现有视频文件的过程，并导入该文件以供在三个不同的视频回放方案中使用。选择"文件>导入>导入视频"命令，即可打开"导入视频"对话框，如右图所示。

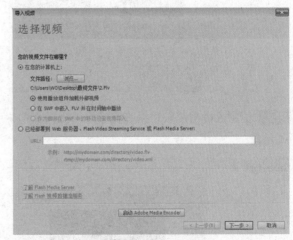

在"导入视频"对话框中提供了3个视频导入选项，各选项的含义分别介绍如下：

（1）使用播放组件加载外部视频

导入视频并创建 FLVPlayback组件的实例以控制视频回放。将Flash文档作为SWF发布并将其上传到Web服务器时，还必须将视频文件上传到Web服务器或Flash Media Server，并按照已上传视频文件的位置配置FLVPlayback组件。

（2）在SWF中嵌入FLV或F4V并在时间轴中播放

将FLV或F4V嵌入到Flash文档中。这样导入视频时，该视频放置于时间轴中可以看到时间轴帧所表示的各个视频帧的位置。嵌入的FLV或F4V视频文件成为Flash文档的一部分，可以使此视频文件与舞台上的其他元素同步，但是也可能会出现声音同步的问题，同时SWF的文件大小会增加。一般来说，品质越高，文件的大小也就越大。

　　（3）作为捆绑在SWF中的移动设备视频导入

　　与在Flash文档中嵌入视频类似，将视频绑定到Flash Lite文档中以部署到移动设备。若要使用此功能，必须以Flash Lite2.0或更高版本为目标。

　　下面将通过举例的案例来介绍导入视频的操作方法。

Step 01 打开Flash文档，选择文件>导入>导入视频命令，如下左图所示。

Step 02 弹出导入视频对话框，单击浏览按钮，选择视频文件，默认设置，单击下一步按钮，如下右图所示。

Step 03 进入外观对话，在此可以设置视频的外观和播放器的颜色，单击下一步按钮，如下左图所示。

Step 04 进入完成视频导入对话框，显示视频的位置及其他信息，单击完成按钮，如下右图所示。

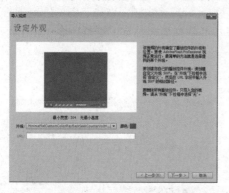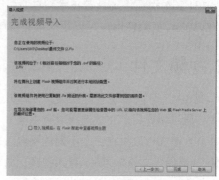

Step 05 完成数据的获取，将视频导入当前文档中，在属性面板中设置视频的位置和大小，如下左图所示。

Step 06 保存文件，按【Ctrl+Enter】键预览视频，如下右图所示。

03 处理导入的视频文件

　　视频文档导入到文档中，选择舞台上嵌入或链接的视频剪辑。在"属性"面板中就可以查看视频符号的名称、在舞台上的像素尺寸和位置，如下左图所示。

　　使用"属性"面板可以为视频剪辑设置新的名称，调整位置极其大小。也可以使用当前影片中的其他视频剪辑替换被选视频。同时，用户还可以通过 "组件参数"选项，对导入的视频进行设置，如下右图所示。

例8-2 制作视频播放器

Step 01 打开"视频播放器素材.fla"文件，将库中的背景元件拖入舞台，如下左图所示。

Step 02 新建图层2，选择矩形工具，绘制圆角矩形，填充渐变颜色，并转化为元件边框，如下右图所示。

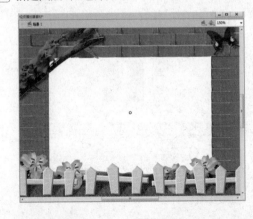 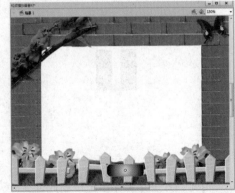

Step 03 新建播放按钮元件，选择椭圆工具，在图层1的第1帧处绘制图像，填充颜色，如下左图所示。

Step 04 新建图层2，选择直线工具绘制形状并填充颜色（白色），如下右图所示。

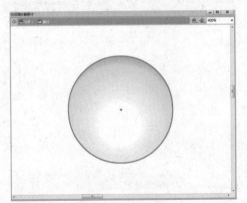 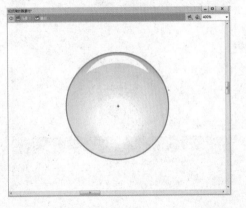

Step 05 新建图层3，选择直线工具绘制形状并填充颜色（黑色），删除边线，如下左图所示。

Step 06 在图层1、3的第2、3、4帧处插入关键帧，在关键帧处调整形状的颜色，在图层2的第4帧处插入普通帧，如下右图所示。

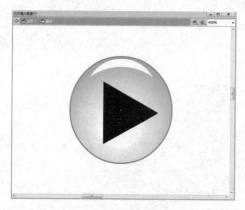

Step 07 新建暂停按钮元件，选择矩形工具，在图层1 的第1帧处绘制矩形形状，并在第3帧处插入普通帧，如下左图所示。

Step 08 新建图层2，在第2帧处插入空白关键帧，选择直线工具绘制形状，填充颜色为白色，设置Alpha值为50%，并在第4帧关键帧处插入普通帧，如下右图所示。

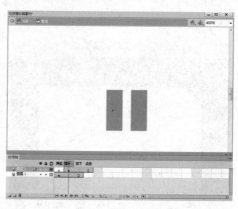

Step 09 使用相同的方法，制作停止按钮元件，如下左图所示。

Step 10 新建影片剪辑元件播放2，将播放按钮元件拖入舞台，新建图层2，打开动作面板，为其添加相应的控制脚本，如下右图所示。

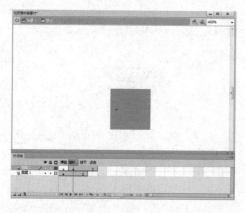

Step 11 新建影片剪辑元件停止2，将停止按钮、暂停按钮拖入舞台，如下左图所示。

Step 12 新建图层AS，打开动作面板，在第1帧处添加控制脚本，如下右图所示。

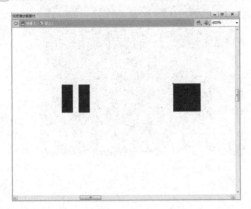 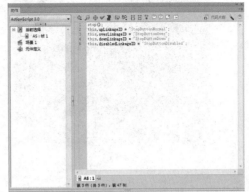

Step 13 返回场景1，在背景图层下面新建视频图层，导入视频文件，在属性面板中修改实例名称，调整其位置与大小，如下左图所示。

Step 14 在图层2上方新建按钮1图层，将库中的元件播放2拖入舞台，在属性面板中修改实例名称，调整位置，如下右图所示。

Step 15 打开动作面板，为其添加控制脚本，如下左图所示。

Step 16 新建图层按钮2，将元件停止2拖入舞台，然后修改其实例名称，并为其添加控制脚本，如下右图所示。

 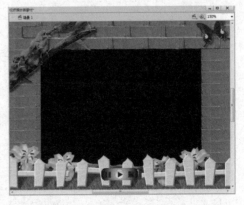

Step 17 保存该文件，并按【Ctrl+Enter】组合键对动画进行测试，如下图所示。

 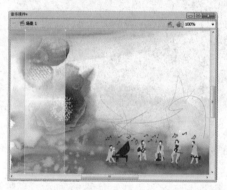

设计师训练营 制作音乐课件

下面将利用本章所学习的知识，练习制作一个音乐课件，以掌握声音文件的应用方法与技巧。

Step 01 新建文档，设置文档属性，将素材导入到库中。将"图层1"重命名为"背景"，将库中图片"背景"拖至舞台，并调整位置与大小，如下左图所示。

Step 02 在"背景"层上新建"底"层。选择矩形工具，设置笔触为无，填充颜色为线性渐变色，然后在舞台上绘制图形，如下右图所示。

 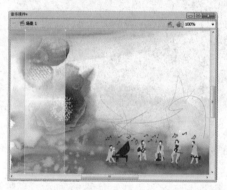

Step 03 新建按钮元件"音乐要素"，将"图层1"重命名为"内容"。将图片"1.png"拖至编辑区。然后使用文字工具输入文字，并其添加发光滤镜，如下左图所示。

Step 04 在"内容"层上新建"声音"层，在第3帧处插入关键帧，按【Ctrl+F3】组合键打开属性面板，为其添加声音，如下右图所示。

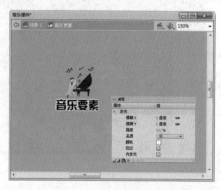 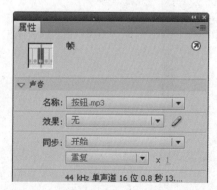

Step 05 参照制作按钮"音乐要素"的方法，分别制作"中国民族音乐"、"流行音乐赏析"2个按钮元件，如下左图所示。返回场景1，在"底"层上新建"按钮"层。将按钮拖至舞台，并调整位置，如下右图所示。最后分别为按钮元件添加实例名称。

Step 06 新建按钮元件"back"，使用钢笔工具绘制图形，用转换锚点工具调整，然后填充橙色。使用文字工具输入文字，如下左图所示。最后返回场景1。

Step 07 在"按钮"层上新建"内容"层，在第10帧处插入关键帧。使用矩形工具绘制图形，设置填充色为白色，Alpha值为40，最后删除边线，如下右图所示。

 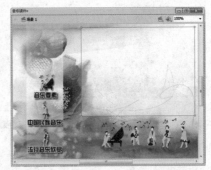

Step 08 选择第14帧插入关键帧。选择文字工具，设置字体为汉仪大黑简，大小为12，颜色为黑色，然后在舞台上输入文字，如下左图所示。

Step 09 将库中元件"back"拖至舞台合适位置，然后打开属性面板，为其添加实例名称，如下右图所示。

Step 10 在第29帧处插入关键帧，将内容文字替换，然后选择"back"按钮元件，修改其实例名称，如下左图所示。

Step 11 选择第44帧插入关键帧，将内容文字替换，然后分别将歌曲文字转换为按钮元件，并添加实例名称，如下右图所示。

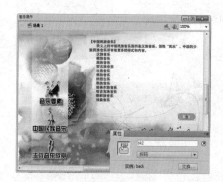

Step 12 进入元件"阿么"编辑状态，在第4帧处插入普通帧，在第2帧处插入关键帧，并修改文字的颜色为橙色，如下左图所示。

Step 13 参照"阿么"元件的修改方法，修改其他歌曲按钮元件的第2帧字体颜色。返回场景1，为"内容"层第44帧上的"back"元件修改实例名称，如下右图所示。

Step 14 在"内容"层上新建"遮罩"层，在第10帧处插入关键帧。选择矩形工具，设置笔触为无，然后在舞台上绘制图形，如下左图所示。

Step 15 在第14帧处插入关键帧，将图形上移。在第17帧处插入关键帧，用任意变形工具改变图形形状，如下右图所示。

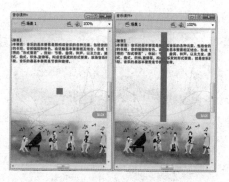

Step 16 在第22帧处插入关键帧，使用任意变形工具将图形调整到和"底"层图形一样形状，如下左图所示。

Step 17 在第10~14、14~17、17~22帧间创建形状补间动画。最后设置该图层为"遮罩层"，如下右图所示。

 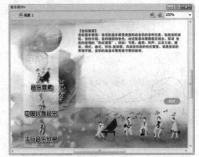

Step 18 在“遮罩”层上新建“标题”层，选择文字工具，设置字体参数，在舞台上分别输入文字，如下左图所示。

Step 19 选择文字，分别添加发光滤镜，设置模糊x、y分别为8，强度为500，颜色为红色，如下右图所示。

Step 20 选择文字，分别为其添加投影滤镜，修改距离值为3，其他参数保持不变，如下左图所示。

Step 21 在“标题”层上新建“声音”层，选择第1帧，为其添加声音，设置同步为开始、循环，如下右图所示。

Step 22 在“声音”上新建“AS”层，分别在第24、39、54帧处插入关键帧。为第1、24、39、54帧添加控制脚本。

Step 23 按【Ctrl+S】组合键对文件进行保存。按【Ctrl+Enter】组合键对其进行测试，如下右图所示。

1. 选择题

（1）在 Flash 中，如果系统已经安装了 QuickTime4 或更高版本，在下列选项中不能直接导入的
声音格式是（   ）。

A. mp3　　　　　　　　　　　　B. wav

C. aiff　　　　　　　　　　　　D. midi

（2）在声音的同步方式中（   ）方式与事件方式基本相同，但若声音正在播放，则不会播放新
的声音实例。

A. 数据流　　　　　　　　　　　B. 开始

C. 停止　　　　　　　　　　　　D. 帧频流

（3）在导出较长的音频流，如乐曲时，最好使用（   ）压缩方式。

A. 默认　　　　　　　　　　　　B. ADPCM

C. mp3　　　　　　　　　　　　D. 原始

（4）（   ）压缩一般用于压缩较长的流式声音，它的最大特点就是接近于 CD 的音质。

A. ADPCM　　　　　　　　　　B. mp3

C. Raw　　　　　　　　　　　　D. 语音

2. 填空题

（1）在 Flash CS6 中，支持的声音格式有_____、_____和 AIFF（仅限苹果机）格式。

（2）_____声音必须下载完成才能播放，一旦开始播放，中间是不能停止的。

（3）音频的_____、_____对输出动画的声音质量和文件大小起决定性作用。

（4）_____是一种新的视频格式，由于它形成的文件极小，加载速度快，有效的解决了视频文件
导入 Flash 后使导出的 swf 文件体积庞大的缺点。

（5）对于导入的音频文件，可以通过_____、"属性"面板和_____处理声音效果。

3. 上机题

通过本章的学习，能够制作如下图所示的音乐播放列表。

操作提示

① 绘制歌曲列表。

② 利用逐帧动画制作音效。

③ 添加控制脚本。

④ 添加外部音乐文件。

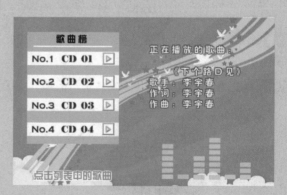

Chapter 09

组件的应用

Flash软件中拥有已经制作好的很多组件，利用这些组件可以很快的制作出带有交互性质的动画。如页面上常有的问卷调查和选择性问答等。使用组件，可以使程序设计与软件界面设计分离，提高代码的可复用性。

重点难点

- 组件的基本操作
- 认识复选框组件
- 列表框组件的使用
- 输入文本组件

组件的基本操作

组件是带有参数的影片剪辑，这些参数可以修改组件的外观和行为。组件不仅可以是简单的用户界面控件，还可以包含相关内容。用户在浏览网页时，尤其是在填写注册表时，经常会见到Flash制作的单选按钮、复选框以及按钮等元素，这些元素便是Flash中的组件。

01 组件及其类型

使用组件可以将应用程序的设计过程和编码分开。通过使用组件，开发人员可以创建设计人员在应用程序中能用到的功能。开发人员可以将常用功能封装到组件中，而设计人员只需通过更改组件的参数来自定义组件的大小、位置和行为。

此外，组件之间还可以共享核心功能，如样式、外观和焦点管理。将第一个组件添加至应用程序时，此核心功能大约占用20千字节的大小。当用户添加其它组件时，添加的组件会共享初始分配的内存，降低应用程序大小的增长。

在Flash中，常用的组件包含以下5种类型。

（1）选择类组件

在制作一些用于网页的选择调查类文件时，选择类文件制作较为复杂。为了方便用户，在Flash中预置了Button、CheckBox、RadioButton和NumerirStepper 4种常用的选择类组件。有了这些常用选择类组件制作更加的快捷。

（2）文本类组件

虽然Flash具有功能强大的文本工具，但是利用文本类组件可以更加快捷、方便地创建文本框，并且可以载入文档数据信息。在Flash中预置了Lable、TextArea和TextInput 3种常用的文本类组件。

（3）列表类组件

Flash作为一种工具软件为了直观地组织同类信息数据，方便用户选择，Flash根据不同的需求预置了不同方式的列表组件，包括ComboBox、DataGrid和List 这3种列表类组件。

（4）文件管理类组件

文件管理类组件可以对Flash中的多种信息数据进行有效的归类管理，其中包括Accordion、Menu、MenuBar和Tree 4种。

（5）窗口类组件

使用窗口类组件可以制作类似于Windows操作系统的窗口界面，如带有标题栏和滚动条资源管理器和执行某一操作时弹出的警告提示对话框等。窗口类组件包括Alert、Loader、ScrollPane、Windows、UIScrollBar和ProgressBar。

02 组件的添加与删除

在了解了组件的一些基本知识外，接下来学习组件的添加于删除操作。

1. 组件的添加

组件的添加操作很简单，其具体操作方法介绍如下。

Step 01 打开Flash软件，选择"窗口>组件"命令，弹出"组件"面板。

Step 02 在"组件"面板中选择组件类型，将其拖至"库"面板中或者拖至舞台，如下图所示。

2. 组件的删除

关于组件的删除操作有两种，下面将对其进行详细介绍。

Step 01 在"库"面板中，选择要删除的组件，单击鼠标右键，选择"删除"命令。或者按下Delete键直接删除。

Step 02 选择要删除的组件，单击"库"面板底部的"删除"按钮，或将组件拖至"删除"按钮上，如右图所示。

03 组件效果的预览

动态预览模式使动画制作者在制作时能够观察到组件发布后的外观，并反映出不同组件的不同参数。在Flash CS6中，使用默认启用的"实时预览"功能，可以在舞台上查看组件将在发布的Flash内容中出现的近似大小和外观。

在Flash CS6中，选择"控制>启用动态预览"命令。"实时预览"中的组件不可操作。若要测试功能，必须执行"控制>测试影片"命令，如下图所示。

复选框组件

CheckBox（复选框）组件属于一种选择类组件，该组件常用于网页中的一些选项，比如一些调查问卷中的选项。CheckBox组件支持单选或者多选。在Flash一系列选择项目中，利用复选框可以同时选取多个项目。当它被选中后，框中会出现一个复选标记。可以为CheckBox添加一个文本标签，并可以将它放在CheckBox的左侧、右侧、上面或下面。

打开"组件"面板，选择CheckBox组件将其拖至舞台即可，效果如下左图所示。在CheckBox组件实例所对应的"属性"面板中调整组件参数，如下右图所示。

 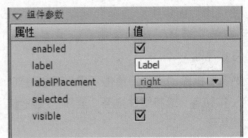

该组件属性面板中各参数选项含义如下。

enabled：用于控制组件是否可用。

label：用于确定复选框旁边的显示内容。默认值是"Label"。

label Placement：用于确定复选框上标签文本的方向。其中包括4个选项："left"、"right"、"top"和"bottom"，默认值是"right"。

selected：用于确定复选框的初始状态为选中或取消选中。被选中的复选框中会显示一个勾。

visible：该选项用于决定对象是否可见。

例9-1 复选框组件的应用

Step 01 打开"Checbox素材.fla"文件，选择"窗口>组件"命令，弹出"组件"面板，如下左图所示。

Step 02 在"组件"面板中选择Checbox组件类型，将其拖至"库"面板中，如下右图所示。

Step 03 将库中元件"1.jpg"作为背景图片拖至舞台。在"图层1"上新建"图层2"，使用文本工具 **T** 在舞台上出入文字，如下左图所示。

Step 04 在"图层2"上新建"图层3"，将库中的组件拖至舞台。将元件复制4个，如下右图所示。

Step 05 在组件的"属性"面板，调整Checbox组件的属性值，在label输入框中输入文字，如下左图所示。

Step 06 使用同样的方法调整其余4个Checbox组件属性值，如下右图所示。

Section 03 列表框组件

List（列表框）组件是一个可滚动的单选或多选的列表框，并且还可显示图形及其他组件。list组件使用跟combox组件使用差不多，列表框组件和下拉列表框组件时间和属性很多都一样，不同之处就在于下拉列表框是单行下拉滚动，而列表框是平铺滚动。

打开"组件"面板下的User Interface类，在其中选择ComboBox组件将其拖至舞台即可，效果如下左图所示。在ComboBox组件实例所对应的"属性"面板中调整组件参数，如下右图所示。

 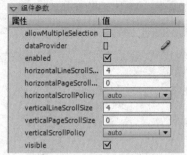

该组件属性面板中各参数选项含义如下。

（1）allowMultipleSelection：用于确定是否可以选择多个选项。如果可以选择多个选项，则选择，如果不能选择多个选项，则取消选择。

（2）dataProvider：用于填充列表数据的值数组。它是一个文本字符串数组，为label参数中的各项目指定相关联的值。其内容应与labels完全相同，单击右边的按钮，将打开"值"对话框，单击"+"按钮，添加文本字符串。

（3）enabled：用于控制组件是否可用。

（4）horizontalLineScrollSize：用于确定每次按下滚动条两边的箭头按钮时水平滚动条移动多少个单位，默认值为4。

（5）horizontalPageScrollSize：用于指明每次按下滚动条时水平滚动条移动多少个单位，默认值为0。

（6）horizontalScrollPolicy：用于确定是否显示水平滚动条。该值可以为"on"（显示）、"off"（不显示）或"auto"（自动），默认值为"auto"。

（7）verticalLineScrollSize：用于指明每次按下滚动条两边的箭头按钮时垂直滚动条移动多少个单位，默认值为4。

（8）verticalPageScrollSize：用于指明每次按下轨道时垂直滚动条移动多少个单位，默认值为0。

（9）verticalScrollPolicy：用于确定是否显示垂直滚动条。该值可以为"on"（显示）、"off"（不显示）或"auto"（自动），默认值为"auto"。

（10）visible：用于决定对象是否可见。

✖ 例9-2 列表框组件的应用

Step 01 打开"list素材.fla"文件，选择"窗口>组件"命令，弹出"组件"面板，如下左图所示。

Step 02 在"组件"面板中选择list组件类型，将其拖至"库"面板中，如下右图所示。

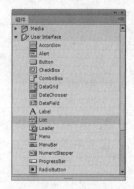 

Step 03 将库中元件"背景.png"作为背景图片拖至舞台，在第4帧插入帧。在"图层1"下方新建"图层2"在第1~4帧插入关键帧，如下左图所示。

Step 04 选择"图层2"的第1~4帧处的关键帧。将库中元件"a"、"b"、"c"、"d"拖至舞台左侧，如下右图所示。

Step 05 在"图层1"上方新建"图层3"，将库中list组件元件拖至舞台。将该元件实例命名为"mm"。在第4帧处插入帧，如下左图所示。

Step 06 选择舞台上的list组件，打开其属性面板，点击labels后的"值"，在弹出的对话框中，点击 ➕ 添加选项，输入文字，如下右图所示。

Step 07 在"图层3"上方新建"图层4"，使用文本工具 T 输入文字。在"图层4"上新建"图层5"，如下左图所示。

Step 08 为动画添加背景音乐，选择"图层5"将库中元件"声音.mp3"拖至舞台。在"图层5"上方新建"图层6"，如下右图所示。

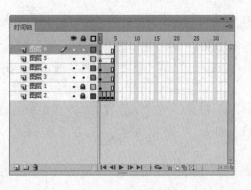

Step 09 选择"图层6"上的第1帧,打开"动作"面板,输入相应的动作代码,如下左图所示。

Step 10 至此,list组件的实例制作完成。保存并测试影片,如下右图所示。

Section 04 输入文本组件

Textinput即输入文本组件,该组件是单行文本组件。比如在网页上通常会出现需要填写用户的个人信息、输入账号密码等。

打开"组件"面板,选择Textinput组件将其拖至舞台即可,效果如下左图所示。在Textinput组件实例所对应的"属性"面板中调整组件参数,如下右图所示。

该组件属性面板中各参数选项含义如下。

(1) editable:用于指示该字段是(true)否(false)可编辑。

(2) password:用于指示该文本字段是否为隐藏所输入字符的密码字段。

(3) text:用于设置TextInput组件的文本内容。

(4) maxChars:用户可以在文本字段中输入的最大字符数。

(5) restrict:用于指明用户可以在文本字段输入哪些字符。

⚒ 例9-3 输入文本组件的应用

Step 01 打开"textinput素材.fla"文件，选择"窗口>组件"命令，弹出"组件"面板，如下左图所示。

Step 02 在"组件"面板中选择textinput组件和Button组件，将其拖至"库"面板中，如下右图所示。

Step 03 将库中元件"元件1"作为背景图片拖至舞台，在第2帧插入帧。在"图层1"上新建"图层2"，使用文本工具 **T** 输入文字，如下左图所示。

Step 04 在"图层2"上新建"图层3"，将库中textinput组件拖至舞台，并复制，对应放置在文字后面。将Button组件拖至舞台下方，如下右图所示。

Step 05 选中"图层3"上的Textinput组件和Button组件，并根据其前面的文字在其属性面板中分别为其命名为"uname"、"nannv"、"age"、"dianhua"、"huji"、"zhuanye"、"aihao"、"submit"，如下左图所示。

Step 06 在"图层3"上新建"图层4"，使用文本工具 **T** 输入文字"请填写您的个人信息"。并在第2帧插入空白关键帧，使用文本工具 **T** 输入文字"请确认您的个人信息"，如下右图所示。

Step 07 在"图层4"上新建"图层5"，选择第1帧打开"动作"面板，输入相应的动作代码，如下左图所示。

Step 08 在"图层5"上的第2帧插入空白关键帧。打开"动作"面板，输入相应的动作代码，如下右图所示。

Step 09 新建"图层6"，将库中元件"声音."拖至舞台，在属性面板"声音"选项中，将"同步"内容改为"开始"和"循环"，如下左图所示。

Step 10 至此，textinput组件的实例制作完成。保存并测试影片，如下右图所示。

Section
05
文本域组件

Textarea是一个文本域组件，文本域组件是一个多行文字字段，具有边框和选择性的滚动条。比如用于教学课件和网络的文章等。TextArea 类的属性允许您在运行时设置文本内容、格式以及水平和垂直位置。您也可以指明该字段是否可编辑，以及该字段是否为"密码"字段。

打开"组件"面板，选择Textarea组件将其拖至舞台即可，效果如下左图所示。在Textarea组件实例所对应的"属性"面板中调整组件参数，如下右图所示。

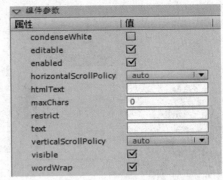

该组件属性面板中各主要参数含义如下。

（1）editable：用于指示该字段是否可编辑。

（2）enabled：用于控制组件是否可用。

（3）horizontalScrollPolicy：用于指示水平滚动条是否打开。该值可以为"on"（显示）、"off"（不显示）或"auto"（自动），默认值为"auto"。

（4）maxChars：文本区域最多可以容纳的字符数。

（5）mrtsctrict：用户可在文本区域中输入的字符集。

（6）text：textarea组件的文本内容。

（7）verticalScrollPolicy：用于指示垂直滚动条是否打开。该值可以为"on"（显示）、"off"（不显示）或"auto"（自动），默认值为"auto"。

（8）wordWrap：用于控制文本是否自动换行。

✖ 例9-4 文本域组件的应用

Step 01 打开"textarea素材.fla"文件，选择"窗口>组件"命令，弹出"组件"面板，如下左图所示。

Step 02 在"组件"面板中选择textarea组件类型，将其拖至"库"面板中，如下右图所示。

Step 03 将库中元件"背景"作为背景图片拖至舞台，在第5帧插入帧。在"图层1"上方新建"图层2"，将库中textarea组件拖至舞台，如下左图所示。

Step 04 在"图层2"上方新建"图层3"，在第1~5帧之间插入关键帧，使用文本工具 T，分别在各关键帧的"textarea"处输入古诗词，如下右图所示。

Step 05 在"图层3"上方新建"图层4",使用文本工具**T**输入文字,为文本添加"模糊"和"发光"滤镜,如下左图所示。

Step 06 在"图层4"上方新建"图层5",在第1~5帧之间插入关键帧,打开"组件"面板,在第1~5帧分别将Button组件拖至舞台,如下右图所示。

Step 07 在"图层5"上方新建"图层6",选择第1帧打开"动作"面板,输入代码。在"图层6"上方新建"图层7",如下左图所示。

Step 08 选择"图层7"将库中"音乐"拖至舞台。为其添加背景音乐。至此,textarea组件的实例制作完成。保存并测试影片,如下右图所示。

Section 06 滚动条组件

Uiscrollbar 组件可以将滚动条添加到文本字段中。可以在创作时将滚动条添加到文本字段中，或使用 ActionScript 在运行时添加。

打开"组件"面板，选择Uiscrollbar组件将其拖至舞台即可，效果如下左图所示。在 Uiscrollbar组件实例所对应的"属性"面板中调整组件参数，如下右图所示。

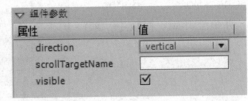

该组件属性面板中各参数选项含义如下。

（1）direction：用于选择Uiscrollbar组件方向是横向或纵向。

（2）scrollTargetName：用于设置滚动条的目标名称。

（3）visible：用于控制Uiscrollbar组件是否可见。

知识链接 Uiscrollbar 组件的使用技巧

如果滚动条的长度小于其滚动箭头的加总尺寸，则滚动条将无法正确显示。一个箭头按钮将隐藏在另一个的后面。Flash 对此不提供错误检查。在这种情况下，最好使用 ActionScript 隐藏滚动条。如果调整滚动条的尺寸以至没有足够的空间留给滚动框（滑块），则 Flash 会使滚动框变为不可见。

例9-5 滚动条组件的应用

Step 01 打开"Uiscrollbar素材.fla"文件，选择"窗口>组件"命令，弹出"组件"面板。

Step 02 在"组件"面板中选择Uiscrollbar组件类型，将其拖至"库"面板中，如右图所示。

Step 03 将库中元件"e.jpg"作为背景拖至舞台，在"图层1"上新建图层"UIScrollBar"图层，将库中UIScrollBar组件拖至舞台。

Step 04 在"UIScrollBar"图层上新建图层"text"图层，在舞台白色区域内只用文本工具**T**拖出一块文本区。

Step 05 在"text"图层上新建图层，使用文本工具 **T** 在舞台输入文字"三叶草的小知识"。新建图层，选中该图层将库中元件"声音.mp3"拖至舞台。

Step 06 新建图层，在该图层的第1帧打开"动作"面板，输入相应的动作代码。至此，UIScrollBar组件的实例制作完成。保存并测试影片。

设计师训练营 网页调查问卷的设计

Step 01 打开"组建综合应用素材.fla"文件，选择"窗口>组件"命令，弹出"组件"面板。

Step 02 在"组件"面板中选择"Text-Input"、"TextArea"、"Combo-Box"、"CheckBox"、"Button"组件类型，并拖至"库"面板中，如右图所示。

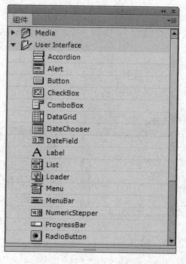

Step 03 将库中元件"背景"拖至舞台，在第2帧插入帧，在"图层1"上新建"图层2"使用文本工具 **T** 在舞台输入文字。

Step 04 将"图层2"上的第2帧插入空白关键帧，使用文本工具 **T** 在舞台输入文字。在"图层2"上新建"图层3"，如右图所示。

Step 05 选择"图层3"使用文本工具 **T** 在舞台输入文字。在第2帧插入空白关键帧，将库中Button组件拖至舞台下方。

Step 06 在"图层3"上新建"图层4"。将库中组件拖至舞台，在属性面板分别调整这些组件的属性，如右图所示。

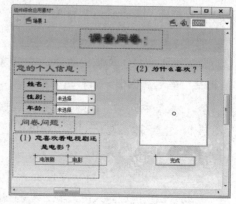

Step 07 选择"图层4"上第1帧处的Button组件，打开"动作"面板，在动作面板上输入相应的代码。

Step 08 选择"图层3"上第2帧处的Button组件，打开"动作"面板，在动作面板上输入相应的代码。

Step 09 在"图层4"上新建"图层5"。在第2帧插入空白关键帧，打开"动作"面板为第1帧添加动作代码，如下左图所示。

Step 10 选择"图层5"的第2帧，打开"动作"面板，为第2帧添加停止动作代码，如下右图所示。

Step 11 在"图层5"上新建"图层6"。将库中元件"声音.mp3"拖至舞台。为该实例添加背景音乐，如下左图所示。

Step 12 至此，"组件的综合应用"实例制作完成。保存并测试影片，效果如下右图所示。

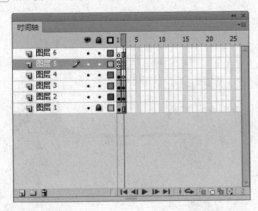 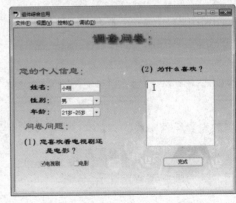

课后练习

1. 选择题

（1）按下（　　）组合键，可以打开"组件检查器"面板。

    A. Ctrl+F7 　　　　　　　　　　B. Alt+F7

    C. Ctrl+J 　　　　　　　　　　　D. Alt+D

（2）（　　）参数不可以在 CheckBox 组件实例的"属性"面板中设置。

    A. 复选框的标签 　　　　　　　B. 复选框标签文本的方向

    C. 复选框的大小 　　　　　　　D. 复选框的实例名称

（3）用（　　）参数可以设置 Button 组件实例的标签。

    A. icon 　　　　　　　　　　　B. selected

    C. abelPlacement 　　　　　　D. label

（4）ComboBox 组件是一种（　　）组件。

    A. 下拉列表框组件 　　　　　　B. 滚动条组件

    C. 列表框组件 　　　　　　　　D. 按钮组件

2. 填空题

（1）利用＿＿＿＿面板或＿＿＿＿面板可以为相应的组件设置参数。

（2）利用＿＿＿＿组件可以创建复选框。

（3）ScrollPane 组件实例的＿＿＿＿参数用于决定能否用鼠标拖动滚动窗格中的内容。

（4）利用＿＿＿＿组件可以创建下拉列表框。

3. 上机题

利用Flash中组件制作一个新颖的桌面日历，如下图所示。

操作提示

① 准确的使用Flash中的组件（Date Chooser 组件）。

② 恰当的设置组件参数。

③ 设置动画背景，使该画面更加美观。

④ 尝试为该动画添加背景音乐。

Chapter 10

动画的输出与发布

当一个动画制作完成后，就要将该动画导出，供其他的应用程序使用，根据不同的应用需要，将动画发布为不同的文件。但发布和导出之前必须进行测试。Flash除了发布一些用以观看的动画格式以外，通常HTML和EXE文件的使用在Flash中也较为广泛。根据需要可以发布多种不同格式的文件这也是Flash的强大之处。

重点难点
- Flash中影片测试的技巧
- 优化影片的方法
- HTML文件的发布
- EXE文件的发布

Section 01 测试影片

通常测试影片有两种不同的方式，在测试环境中测试和在编辑模式中测试。这两中测试各有优点，本节将介绍这两种不同的测试方式。

01 在测试环境中测试

在编辑环境中的测试是有限的。要评估影片、动作脚本或其他重要的动画元素，必须在测试环境下进行测试，即执行"控制>测试影片"命令或按【Ctrl+Enter】组合键进行测试。这样通过直观地观看影片的效果，可以检测动画是否达到了设计的要求。

该测试方式的优点是可以完整的测试影片，但是该方式只能完整的播放测试，不可单独选择某一段进行测试。

02 在编辑模式中测试

由于测试项目任务繁重，Flash编辑环境中可能不是用户的首选测试环境，但在编辑环境中，确实能进行一些简单的测试，主要包括以下2点。

1. 可测试的内容

在Flash CS6中，在编辑环境中可以测试以下4种内容。

（1）按钮状态

可以测试按钮在弹起、按下、触模和单击状态下的外观。

（2）主时间轴上的声音

播放时间轴时，可以试听放置在主时间轴上的声音（包括那些与舞台动画同步的声音）。

（3）主时间轴上的帧动作

任何附着在帧或按钮上的Goto、Play和Stop动作都将在主时间轴上起作用。

（4）主时间轴中的动画

主时间轴上的动画（包括形状和动画过渡）起作用。这里说的是主时间轴，不包括影片剪辑或按钮元件所对应的时间轴。

2. 不可测试的内容

在Flash CS6中，在编辑环境中不可以测试以下4种内容。

（1）影片剪辑

影片剪辑中的声音、动画和动作将不可见或不起作用。只有影片剪辑的第一帧才会出现在编辑环境中。

（2）动作

用户无法在测试交互作用、鼠标事件或依赖其他动作的功能。

（3）动画速度

Flash编辑环境中的重放速度比最终优化和导出的动画慢。

（4）下载性能

用户无法在编辑环境中测试动画在Web上的流动或下载性能。

该测试方式优点是方便快捷，可以单独测试一段影片。但是该测试方式有不可测试的内容。

优化影片

为了使其他用户在下载或播放时更加流畅，设计者应该事先对影片进行优化，本节将对其相关的知识内容进行介绍。

01 优化元素和线条

在Flash中，优化元素和线条时需要注意以下4点。

（1）使用矢量线代替矢量色块图形，因为前者的数据量要少于后者。

（2）限制使用特殊类型的线条数量，如短划线、虚线和波浪线等。使用实线将使文件更小。

（3）减少矢量图形的形状复杂程度，如减少矢量色块图形边数或矢量曲线的折线数量。

（4）避免过多地使用位图等外部导入对象，否则动画中的位图素材会使文件增大。

02 优化文本

在Flash中，优化文本时需要注意以下两点。

（1）限制字体和字体样式的使用，过多地使用字体或字体样式，不但会增大文件的数据量，而且不利于作品风格的统一。

（2）在嵌入字体选项中，选择嵌入所需的字符，而不要选择嵌入整个字体。

03 优化色彩

在Flash中，优化色彩时需要注意以下3点。

（1）在对作品影响不大的情况下，减少渐变色的使用，而代之以单色。

（2）限制使用透明效果，它会降低影片播放时的速度。

（3）在创建实例的各种颜色效果时，应用多使用实例的"颜色样式"功能。

04 优化动画

在Flash中，优化动画时需要注意以下6点。

（1）如果某元素在影片中多次使用，将其转换为元件，然后在文档中调用该元件的实例，这样在网上浏览时下载的数据就会变少。

（2）只要有可能，在动画中尽量避免使用逐帧动画，而使用补间动画代替逐帧动画，因为补间动画的数据量大大少于逐帧动画，动画帧数越多差别越明显。

（3）尽量避免使用位图做动画。

（4）用层将动画播放过程中发生的元素同那些没有任何变化的元素分开。

（5）制作动画序列时，将其制作为影片剪辑元件，而不要制作为图形元件。

（6）如有音频文件，尽可能多的使用压缩效果最后的MP3格式的文件。

Section 03 发布影片

Flash 中发布影片的功能相对较为丰富，用户可以根据实际情况将其发布为不同格式的文件，以满足自己的需要。

01 发布为Flash文件

选择"文件>发布设置"命令，打开相应的对话框，然后切换至"Flash"选项卡，如右图所示。

从"播放器"弹出菜单中选择播放器版本。并非所有Adobe Flash Professional CS6 功能都能在针对低于Flash Player 10的 Flash Player版本的已发布SWF文件中起作用。

从"脚本"下拉列表中可以选择ActionScript版本。如果选择ActionScript 2.0或3.0并创建了类，则单击"设置"来设置类文件的相对类路径，该路径与在"首选参数"中设置的默认目录的路径不同。

1．图像和声音

若要控制位图压缩，调整"JPEG品质"滑块或输入一个值。图像品质越低，生成的文件就越小；图像品质越高，生成的文件就越大。尝试不同的设置，以便确定在文件大小和图像品质之间的最佳平衡点；值为100时图像品质最佳，压缩比最小。

若要使高度压缩的JPEG图像显得更加平滑，则应选择"启用JPEG解块"复选项。此选项可减少由于JPEG压缩导致的典型失真。

若要为SWF文件中的所有声音流或事件声音设置采样率和压缩，则应单击"音频流"或"音频事件"右侧的链接，然后在打开的对话框中根据需要进行设置。

若要覆盖在属性检查器的"声音"部分中为个别声音指定的设置，则应选择"覆盖声音设置"复选项。

若要导出适合于设备（包括移动设备）的声音而不是原始库声音，则应选择"导出设备声音"复选项。

2．SWF设置

若果需要设置SWF设置，那么应该选择下列任一选项。

（1）压缩影片（默认为选中）

压缩SWF文件以减小文件大小和缩短下载时间。当文件包含大量文本或ActionScript时，使用此选项十分有益。经过压缩的文件只能在Flash Player 6或更高版本中播放。

（2）包括隐藏图层（默认为选中）

导出Flash文档中所有隐藏的图层。取消选择"导出隐藏的图层"将阻止把生成的SWF文件中标记为隐藏的所有图层（包括嵌套在影片剪辑内的图层）导出。这样，用户就可以通过使图层不可见来轻松测试不同版本的Flash文档。

（3）包括XMP元数据

默认情况下，将在"文件信息"对话框中导出输入的所有元数据。单击"文件信息"按钮打开此对话框。也可以通过选择"文件>文件信息"打开"文件信息"对话框。

（4）导出SWC

导出.swc文件，该文件用于分发组件。.swc文件包含一个编译剪辑、组件的ActionScript类文件，以及描述组件的其它文件。

3. 高级

若要使用高级设置或启用对已发布Flash SWF文件的调试操作，选择下列任一选项。

（1）生成大小报告

生成一个报告，按文件列出最终Flash内容中的数据量。

（2）防止导入

防止其他人导入 SWF 文件并将其转换回FLA文档。可使用密码来保护Flash SWF文件。

（3）省略Trace动作

使Flash忽略当前SWF文件中的ActionScript trace语句。如果选择此选项，trace语句的信息将不会显示在"输出"面板中。

（4）允许调试

激活调试器并允许远程调试Flash SWF文件。可让用户使用密码来保护SWF文件。如果使用的是ActionScript 2.0，并且选择了"允许调试"或"防止导入"，则在"密码"文本字段中输入密码。如果添加了密码，则其他用户必须输入该密码才能调试或导入SWF文件。若要删除密码，清除"密码"文本字段。

（5）脚本时间限制

若要设置脚本在SWF文件中执行时可占用的最大时间量，则应在"脚本时间限制"中输入一个数值。Flash Player将取消执行超出此限制的任何脚本。

（6）本地播放安全性

在此，可以选择要使用的Flash安全模型。指定是授予已发布的SWF文件本地安全性访问权，还是网络安全性访问权。"只访问本地文件"可使已发布的SWF文件与本地系统上的文件和资源交互，但不能与网络上的文件和资源交互。"只访问网络"可使已发布的SWF文件与网络上的文件和资源交互，但不能与本地系统上的文件和资源交互。

（7）硬件加速

若要使SWF文件能够使用硬件加速，从"硬件加速"下拉列表中选择下列选项之一。

- 第1级–直接："直接"模式通过允许Flash Player在屏幕上直接绘制，而不是让浏览器进行绘制，从而改善播放性能。
- 第2级–GPU：在"GPU"模式中，Flash Player利用图形卡的可用计算能力执行视频播放并对图层化图形进行复合。根据用户的图形硬件的不同，这将提供更高一级的性能优势。

如果播放系统的硬件能力不足以启用加速，则Flash Player会自动恢复为正常绘制模式。若要使包含多个SWF文件的网页发挥最佳性能，只对其中的一个SWF文件启用硬件加速。在测试影片模式下不使用硬件加速。在发布SWF文件时，嵌入该文件的HTML文件包含一个wmode HTML参数。选择级别1或级别2硬件加速会将wmode HTML参数分别设置为"direct"或"gpu"。打开硬件加速会覆盖在"发布设置"对话框的"HTML"选项卡中选择的"窗口模式"设置，因为该设置也存储在HTML文件中的wmode参数中。

02 发布为HTML文件

在Web浏览器中播放Flash内容需要一个能激活SWF文件并指定浏览器设置的HTML文档。"发布"命令会根据模板文档中的HTML参数自动生成此文档。

模板文档可以是包含适当模板变量的任意文本文件，包括纯HTML文件、含有特殊解释程序代码的文件或是Flash附带的模板。若要手动输入Flash的HTML参数或自定义内置模板，使用HTML编辑器。HTML参数确定内容出现在窗口中的位置、背景颜色、SWF文件大小等等，并设置object和embed标记的属性。可以在"发布设置"对话框的"HTML"面板中更改这些设置和其它设置。更改这些设置会覆盖已在SWF文件中设置的选项。

选择"文件" > "发布设置"命令，在打开的对话框中，单击"其他格式"选项中的"HTML包装器"，默认情况下选中HTML文件类型，如右图所示。

1．大小

（1）匹配影片：使用SWF文件的大小。

（2）像素：输入宽度和高度的像素数量。

（3）播放：默认选中循环和显示菜单。

2．播放

（1）开始时暂停

一直暂停播放SWF文件，直到用户单击按钮或从快捷菜单中选择"播放"后才开始播放。（默认）不选中此选项，即加载内容后就立即开始播放（PLAY参数设置为true）。

（2）循环

内容到达最后一帧后再重复播放。取消选择此选项会使内容在到达最后一帧后停止播放。（默认）LOOP参数处于启用状态。

（3）显示菜单

用户右键单击（Windows）或按住Control并单击（Macintosh）SWF文件时，会显示一个快捷菜单。若要在快捷菜单中只显示"关于Flash"，取消选择此选项。默认情况下，会选中此选项（MENU参数设置为true）。

（4）设备字体（仅限Windows）

会用消除锯齿（边缘平滑）的系统字体替换用户系统上未安装的字体。使用设备字体可使小号字体清晰易辨，并能减小SWF文件的大小。此选项只影响那些包含静态文本（创作SWF文件时创建且在内容显示时不会发生更改的文本）且文本设置为用设备字体显示的SWF文件。

3．品质

（1）低

使回放速度优先于外观，并且不使用消除锯齿功能。

（2）自动降低

优先考虑速度，但是也会尽可能改善外观。回放开始时，消除锯齿功能处于关闭状态。如果Flash Player检测到处理器可以处理消除锯齿功能，就会自动打开该功能。

（3）自动升高

在开始时是回放速度和外观两者并重，但在必要时会牺牲外观来保证回放速度。回放开始时，消除锯齿功能处于打开状态。如果实际帧频降到指定帧频之下，就会关闭消除锯齿功能以提高回放速度。若要模拟"视图">"消除锯齿"设置，使用此设置。

（4）中

会应用一些消除锯齿功能，但并不会平滑位图。"中"选项生成的图像品质要高于"低"设置生成的图像品质，但低于"高"设置生成的图像品质。

（5）高（默认）

使外观优先于回放速度，并始终使用消除锯齿功能。如果SWF文件不包含动画，则会对位图进行平滑处理；如果SWF文件包含动画，则不会对位图进行平滑处理。

（6）最佳

提供最佳的显示品质，而不考虑回放速度。所有的输出都已消除锯齿，而且始终对位图进行光滑处理。

4. 窗口模式

（1）窗口

默认情况下，不会在object和embed标签中嵌入任何窗口相关的属性。内容的背景不透明并使用HTML背景颜色。HTML代码无法呈现在Flash内容的上方或下方。

（2）不透明无窗口

将Flash内容的背景设置为不透明，并遮蔽该内容下面的所有内容。使HTML内容显示在该内容的上方或上面。

（3）透明无窗口

将Flash内容的背景设置为透明，使HTML内容显示在该内容的上方和下方。

5. HTML对齐

（1）默认

使内容在浏览器窗口内居中显示，如果浏览器窗口小于应用程序，则会裁剪边缘。

（2）左、右或上

将SWF文件与浏览器窗口的相应边缘对齐，并根据需要裁剪其余的三边。

6. 缩放

（1）默认（显示全部）

在指定的区域显示整个文档，并且保持SWF文件的原始高宽比，而不发生扭曲。应用程序的两侧可能会显示边框。

（2）无边框

对文档进行缩放以填充指定的区域，并保持SWF文件的原始高宽比，同时不会发生扭曲，并根据需要裁剪SWF文件边缘。

（3）精确匹配

在指定区域显示整个文档，但不保持原始高宽比，因此可能会发生扭曲。

（4）无缩放

禁止文档在调整Flash Player窗口大小时进行缩放。

03 发布为EXE文件

在Flash中，通过发布影片，可以使用户的影片在没有安装Flash应用程序的计算机上能够播放。

例10-1 发布为EXE放映文件

Step 01 选择"文件>打开"命令，打开"网页导航.fla"文件。执行"文件>发布设置"命令，打开"发布设置"对话框，在"其他格式"选项卡中选择"Win放映文件"，如下左图所示。

Step 02 选择发布目标 ，在打开的对话框中设置保存的路径。随后返回"发布设置"对话框，单击确定按钮，完成发布设置，如下右图所示。

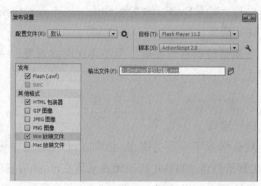

Step 03 执行"另存为"命令，将文件另存。接着选择"文件>发布"命令即可，如下左图所示。

Step 04 按照发布路径打开所在的文件夹，从中选择EXE文件并双击即可播放，如下右图所示。

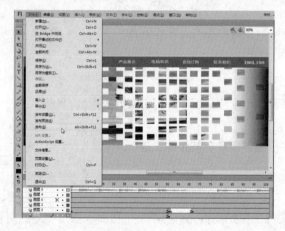

设计师训练营 将 Flash 文件发布为 HTML 文件

下面将通过该练习，介绍如何将Flash文件发布为HTML文件，其具体操作步骤如下。

Step 01 选择"文件>打开"命令，打开"网站导航素材.fla"文件，如下页左图所示。

Step 02 执行"文件>发布设置"命令，打开"发布设置"对话框，在"其他格式"选项卡中选择"HTML包装器"，如下页右图所示。

Step 03 设置一些参数属性，选择发布目标 📁，在打开的对话框中设置保存的路径，如下左图所示。

Step 04 返回"发布设置"对话框，单击确定按钮，完成发布设置，如下右图所示。

Step 05 执行"另存为"命令，将文件另存。选择"文件>发布"命令即可，如下左图所示。

Step 06 按照发布路径打开所在的文件夹，从中即可查看发布好的HTML文件，如下右图所示。

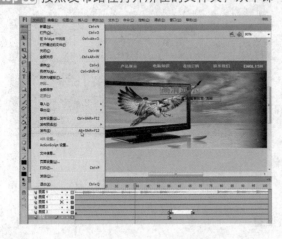
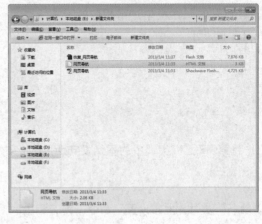

课后练习

1. 选择题

(1) Flash 中默认发布的格式（HTML 文件）的快捷键是（　　）。

    A. F9 键　　　　　　　　　　　　　　B. F10 键

    C. Ctrl+F12 组合键　　　　　　　　　D. F12 键

(2) 通常（　　）文件适合导出线条图形，（　　）文件适合导出含有大量渐变色和位图图像。

    A. PNG　JPEG　　　　　　　　　　B. GIF　PNG

    C. GIF　JPEG　　　　　　　　　　D. JPEG　GIF

(3) 在没有安装 Flash 插件的浏览器的电脑中，（　　）格式可以顺利的打开播放。

    A. EXE 文件　　　　　　　　　　　B. HTML 文件

    C. SWF 文件　　　　　　　　　　　D. AVI 文件

2. 填空题

(1) 单击_____命令或按下_____组合键可以打开"发布设置"对话框。

(2) 按下_____组合键可以导出影片。

(3) 单击_____命令，可以将当前帧的内容导出为某种格式的图形文件。

(4) 在创建实例的颜色效果时，应用多使用实例的_____功能。

3. 上机题

(1) 将第8章上机实训中的案例发布为EXE文件，如下图所示。

操作提示

① 打开文件，执行"文件>发布设置"命令。

② 在打开的对话框中进行相应的设置，最后进行发布即可。

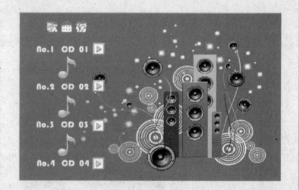

(2) 将第9章上机实训中的案例发布为HTML文件。

操作提示

① 执行"文件>发布设置"命令，打开相应的对话框。

② 设置完成后，执行"文件>发布"命令即可。

Chapter

11

设计网站片头

　　随着网络的日益发展，各网站的点击率也水涨船高，进入一个网站首先浏览的就是该网站的片头，所以网站的片头就是重中之重。网站的片头就像是网站的脸，好的网页片头能体现网站的档次，它具有简洁、大方、视觉冲击力强、音效突出等特点。网页片头要紧扣主题，完美的体现网站的功能。

FOR

重点难点

● 网页片头设计要素

● 网页片头的制作流程

● 网页片头的动画节奏

知识准备

在制作网站片头动画前，应该先了解该网站的要素、主题和制作要求，这样才能制作出一个好的网站片头，本节主要讲解下片头的相关知识。

01 网站片头的分类

网站片头就是一个网站的内容高度概括，浏览了网站的片头就能大概的了解该网站的主题以及该网站的性质。网站片头不单单是个简短的动画，它囊括了网站的文化特点。

"精简"、"概括"是网站片头的主要特点。对于不同类型的网站，在制作手法和特点上也不尽相同。根据Flash网站片头的分类，其特点分别介绍如下。

（1）企业网站片头

企业网站片头一定要突出企业的文化或者突出企业的产品。所以该类的网站片头一般在画面的感觉上比较权威，比较大气华丽，节凑明快让人印象深刻。

（2）文化宣传网站片头

文化宣传网站，不论是宣传什么文化，在制作该类网站片头时风格一定符合宣传的文化。比如宣传古典音乐的片头就要有古代文化的韵味。宣传书法的片头就要有行云流水的流畅感。

（3）体育类网站片头

该类网站片头就要表现体育的精神，音乐的选用要用一些相对激情，快节奏的音乐。在制作该类网站片头时节奏要明快，有种竞技的紧张感。如果是特定的某一种体育项目，在制作上就要体现该项目的特点。

（4）公益类网站片头

该类网站片头相对的节奏稍慢一点，体现出爱心的特点。通常要用一些鲜明的色彩来提醒人们注意事项或是呼吁人们伸出援手献爱心。醒目鲜艳的色彩会引起人内心的共鸣，激发内心情感。

02 网站片头的制作流程

下面将对Flash网站动画的制作流程进行概括介绍。

（1）定位网站类型，构思创意

一个成功的网站片头并不是在制作的手法和技术上追求多大的难度。而是靠对整个网站的准确把握和新颖创意。内容精简符合网站类型，给人一种震撼，和谐的感觉。在制作之前，首先要明白定位自己的需求，以便于确定动画的风格。

（2）确定设计方案，搜集所需的资料

确定网站片头风格和整体结构之后，就需要进一步的进行设计，设计片头的内容和表现方式。同时还要进行搜集资料，对搜集的内容进行修改和整理。搜集的资料一定是能够体现网站主题的素材。

（3）确定网站片头动画的节奏

网站动画节奏的控制是动画制作部分的关键。节奏的把握准确与否直接影响动画的质量。在确定了风格、结构和内容后，从这三方面考虑节奏的快慢缓急。对于风格清新、结构宽松、内容平和的网站片头来说，节奏应该控制的稍微缓慢。对于风格激情、结构紧凑、内容紧张的网站片头来说，节奏应该控制的稍微快速。

（4）用Flash软件制作网站片头

在动画的制作中，不要添加过多的元素，这样会使动画内容太乱，要做到精简。选择具有代表性的元素添加到动画中，使整个动画看起来有主有次，一目了然。根据动画的内容选择一些制作技巧，或是高贵华丽的特效，或是大方简洁的表达。这些技巧要根据动画的节奏而定。最后选择符合节奏的音乐，好的音乐会使动画更有节奏感。

03 Flash网站片头赏析

Flash网站片头在网上可以说是随处可见，一个精彩的网站片头设计要素里面包含了一些固定的特点，如内容精炼、节奏跌宕、素材典型、音乐优美。下面将介绍几种不同类型的网站片头。

1. 旅游公司网站片头

旅游公司属于一种特定的网站，特点比较明确，要体现旅游景点风景的优美。在有限的时间内展示旅游景点。运用特殊的转场方式，美妙的乐曲伴奏，充分地展示出地方文化的特色，如下图所示。

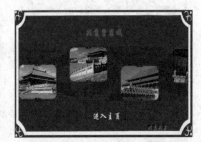

2. 产品网站片头

产品网站片头要突出产品的特点，展示出不同的产品。体现产品的价值，列举具有代表性的产品，让人产生购买的欲望，如下图所示。

> **知识链接** 网站片头素材的格式选取技巧
>
> Flash软件支持导入多种格式的图片，它既支持位图，又支持矢量图的导入。
>
> 矢量图特点：失量图同分辨率无关，可以随意放大缩小而不失真。但是难以表现色彩层次丰富的逼真图像效果。
>
> 位图的特点：位图色彩丰富但是放大容易失真。若选用位图作为素材，那么图片分辨率要高。PNG格式的图片具有透明性，可以使图像中的某些部分不显示出来，所以用PNG格式的图片作为素材也是个不错的选择。

3. 房地产网站片头

房地产网站属于企业网站，该类网站要有绚丽高贵的气质，要有权威的品质。该片头制作手法精炼，在简短时间内表达了企业的权威名称，也体现了房产地段的高贵。醒目位置的一片大楼呼应了网站的主题，如下图所示。

4. 艺术网站片头

艺术网站片头属于文化宣传网站，要体现出文化公司的底蕴，再配有优美的旋律，便可营造出宁静、典雅的气氛，如下图所示。

案例制作

Section 02

本节将对网站片头动画的创意风格和具体制作过程进行详细介绍。

01 创意风格解析

1. 设计思想

本实例的网站片头动画是制作关于NBA网站的片头动画。因为体育竞技类的网站，所以动画选用了欢快激情、紧张震撼的快节奏，包含代表NBA篮球的基本元素，如球星、球队的logo以及紧张的音乐等。除了具有紧张的比赛气氛，还有节奏很快的动画。

2. 制作手法

本实例的网站片头动画是体育竞技类的网站，在突出体育的主题下，使用丰富的素材和动画技巧来制作，加入激情的背景音乐以烘托气氛。动画选择快速的节奏感，在制作手法上选用绚丽的遮罩和快速的运动，体现速度感。

3. 颜色选用

为了能够体现该网站的权威性，开场用了黑色到灰色的渐变，体现一种威严庄重的感觉。随后又选用绚丽的颜色来搭配素材。这样可以使主题素材表现的更加突出。

02 导入动画素材

新建文档并导入准备好的素材元件，具体操作步骤如下。

Step 01 执行"文件>新建"命令，创建一个新的空白的Flash文件。并将"图层1"命名为"背景"。在第7帧处插入空白关键帧，如下左图所示。

Step 02 在舞台中右击选择文档属性，在弹出的对话框中设置舞台的参数值。尺寸为1280*720，背景颜色为灰色，帧频为24，如下右图所示。

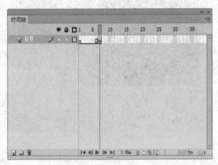

Step 03 在"背景"图层使用矩形工具 绘制一个无边框的矩形，使矩形充满整个舞台，填充颜色为黑色到灰色的渐变，如下左图所示。

Step 04 执行"文件>导入>打开外部库"命令，选中所有元件，将其直接拖至当前文档所对应的"库"中，如下右图所示。

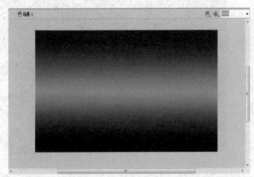

03 合成字体效果动画

合成字体效果动画的动画具体操作步骤如下。

Step 01 在"背景"图层上新建图层"nba"，在第7帧处插入空白关键帧，分别在"背景"图层和"nba"图层的第53帧处插入帧，如下左图所示。

Step 02 执行"插入>新建元件"命令，创建一个名为"遮罩字"的图形元件。进入图形元件的编辑区，如下右图所示。

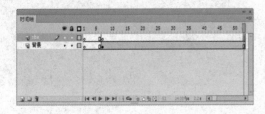

Step 03 在"遮罩字"图形元件的编辑区选择"图层1",将库中的"遮罩层"图形元件拖至舞台。并在"图层1"下方新建图层"图层2",如下左图所示。

Step 04 选择"图层2",将库中的"NBA.png"图形元件拖至舞台,放置在"遮罩层"的右侧,在"图层1"的第16帧插入关键帧,在"图层2"的第16帧处插入帧,如下右图所示。

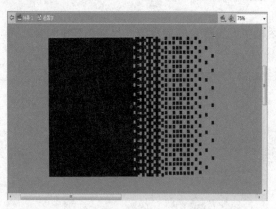

Step 05 选择"图层1"的第16帧,将"遮罩层"实例向右移动,使其覆盖"图层2"中的实例。并将"图层1"创建为遮罩层,如下左图所示。

Step 06 选择"图层1"的第1~16帧的任意一帧,创建传统补间动画,如下右图所示。

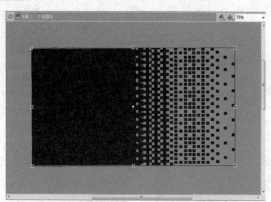
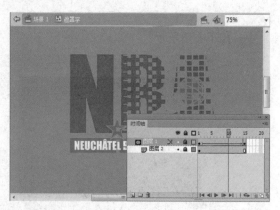

Step 07 在"图层2"的下方新建图层"图层3"在第16帧处插入空白关键帧,如下左图所示。

Step 08 选择"图层3"的第16帧,使用文本工具 **T**,在舞台输入文字。并执行2次"修改>分离"命令。并将其转化为图形元件,如下右图所示。

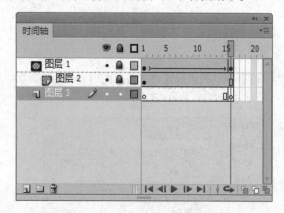
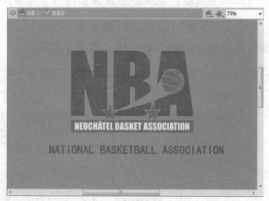

Step 09 在〝图层3〞的下方新建图层〝图层4〞并在第36帧处插入空白关键帧，如下左图所示。

Step 10 选择〝图层4〞的第36帧，在舞台上绘制一个无边框的矩形，如下右图所示。

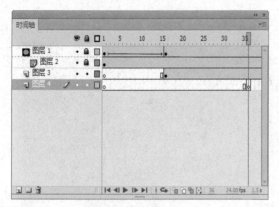 

Step 11 选择该矩形为其填充颜色。填充色为由蓝色到白色的线性渐变。并将该矩形转换为图形元件，如下左图所示。

Step 12 选择〝图层4〞的第46帧处插入关键帧。将矩形移动到文字的右侧，并在第36～46帧之间创建传统补间动画，如下右图所示。

 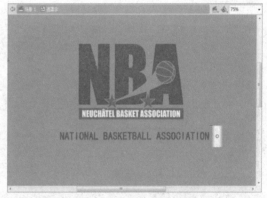

Step 13 选择〝图层3〞将其创建为遮罩层。在〝图层4〞下方新建图层〝图层5〞，并在第25帧处插入空白关键帧，如下左图所示。

Step 14 选择〝图层3〞上的文字实例，将文字实例复制，选择〝图层5〞的第25帧按Shift+Ctrl+V，将复制的文字实例原位置粘贴，如下右图所示。

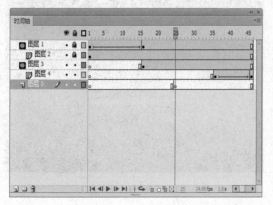 

Step 15 在"图层5"下方新建图层"图层6"在第16帧处插入空白关键帧，如下左图所示。

Step 16 选择"图层5"上的文字实例，将其复制，选择"图层6"的第16帧，按Shift＋Ctrl＋V将复制的文字实例原位置粘贴，如下右图所示。

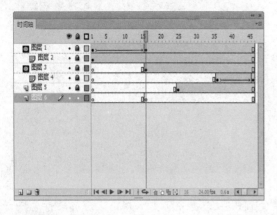

Step 17 选择"图层6"第16帧处的实例，将其向下移动并放大，设置其"宽"和"高"的值分别为1004和262.1，如下左图所示。

Step 18 选择"图层6"第16帧处的实例，在属性面板设置其"颜色样式"为Alpha、Alpha值为0%，如下右图所示。

Step 19 选择"图层6"的第16～25帧之间创建传统补间动画，如下左图所示。

Step 20 返回场景一，选择图层"nba"的第7帧，将库中的元件"遮罩字"拖至舞台，如下右图所示。

04 合成NBA主题动画

下面将对NBA主题动画的合成操作进行介绍。

Step 01 在图层"nba"上方新建图层"白背景"并在第53帧处插入关键帧，在第209帧处插入帧，如下左图所示。

Step 02 执行"插入>新建元件"命令，新建一个名为"白背景"的图形元件，进入图形元件的编辑区，如下右图所示。

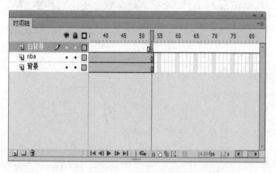

Step 03 进入"白背景"图形元件的编辑区，单击"插入图层"按钮，新建4个图层。并依次命名，如下左图所示。

Step 04 选择"图层1"绘制一个无边框填充颜色为白色的矩形，设置其"宽"和"高"的值分别为550和400。并转化为图形元件，如下右图所示。

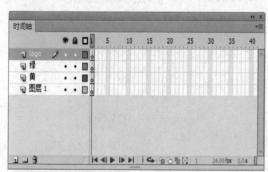

Step 05 选择"logo"图层，将库中的"NBA.png"图形元件拖至舞台左上方，设置其"宽"和"高"的值分别为115.0和79.5，如下左图所示。

Step 06 选择"图层1"和"logo"图层的第6帧，分别插入关键帧。并在第1~6帧之间创建传统补间动画，如下右图所示。

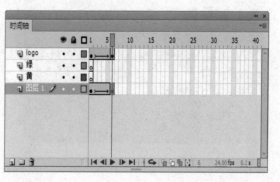

Step 07 选择图层"黄",在第10帧处插入空白关键帧,在舞台中绘制一个矩形,设置其"宽"和"高"的值分别为550和85。填充色为#CACA0C。将该矩形转换为图形元件,如下左图所示。

Step 08 选择图层"黄",在第14帧处插入关键帧,并将该帧处的矩形实例向下移动一小段距离。并在第10~14帧之间创建传统补间动画,如下右图所示。

Step 09 选择图层"绿",在第19帧处插入空白关键帧,在舞台中绘制一个矩形,设置其"宽"和"高"的值分别为550和222,如下左图所示。

Step 10 修改矩形的颜色,打开"颜色"面板选择线性渐变。选择颜色#CACA0C到颜色#4FC400的线性渐变,如下右图所示。

 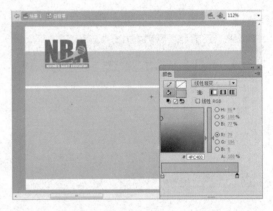

Step 11 将该矩形转换为图形元件。调整矩形位置,使其与上面的矩形拼接在一起,如下左图所示。

Step 12 选择图层"绿",在第24帧处插入关键帧,如下右图所示。

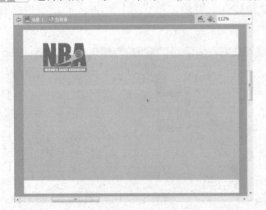 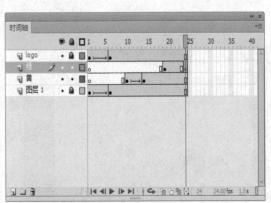

Step 13 选择图层"绿"的第19帧的实例，将该实例向左移动，移出白色背景。并在第19～24帧之间创建传统补间动画，如下左图所示。

Step 14 在"logo"图层上方新建图层单击"插入图层"按钮，新建11个图层。并依次命名，如下右图所示。

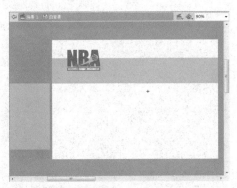

Step 15 在图层"点点"的第26帧处插入空白关键帧。执行"插入>新建元件"命令，新建一个名为"点点"的图形元件，如下左图所示。

Step 16 进入"点点"图形元件的编辑区。绘制一个无边框填充色为白色的圆。"宽"和"高"的值均为112，如下右图所示。

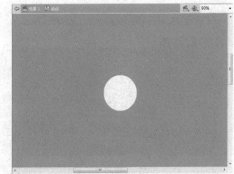

Step 17 将该圆转换为影片剪辑元件，在"属性"面板的"滤镜"参数区，为该圆添加"模糊"滤镜，如下左图所示。

Step 18 在"图层1"上分别在第7帧和第14帧处插入关键帧。选择第7帧的实例，调整"模糊"的数值大小，如下右图所示。

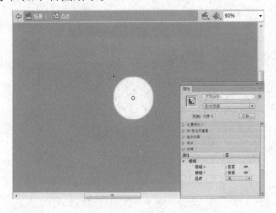
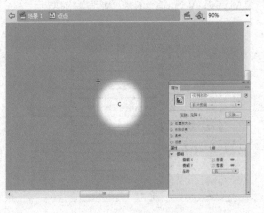

Step 19 在〝图层1〞的第1～14帧之间创建传统补间动画。返回到〝白背景〞图形元件的编辑区，如下左图所示。

Step 20 选择图层〝点点〞的第26帧，将库中的〝点点〞图形元件拖至舞台合适位置，调整大小，并复制两个实例，如下右图所示。

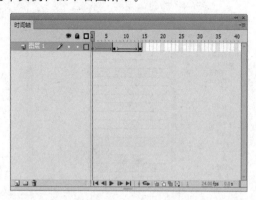

Step 21 选择图层〝点点〞上的三个实例，在属性面板设置其〝颜色样式〞为Alpha、Alpha值为60%，如下左图所示。

Step 22 选择图层〝巨星〞的第29帧，插入空白关键帧，使用文本工具 T 在舞台上输入文字。并将其转化为图形元件，如下右图所示。

Step 23 在属性面板设置字体属性，字体为〝方正剪纸简体〞。大小为25点。在图层〝巨星〞的第35帧处插入关键帧，如下左图所示。

Step 24 选择图层〝巨星〞的第29帧处的实例，将实例向左拖出背景，在属性面板设置其〝颜色样式〞为Alpha、Alpha值为0%，如下右图所示。

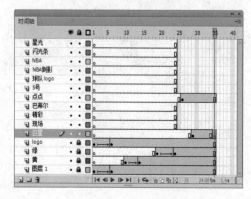
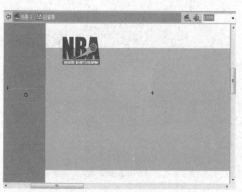

Step 25 在图层"巨星"的第29~35帧之间创建传统补间动画。在图层"现场"的第35帧处插入空白关键帧，如下左图所示。

Step 26 在图层"现场"的第35帧处，使用文本工具T在舞台上输入文字。并将其转化为图形元件，如下右图所示。

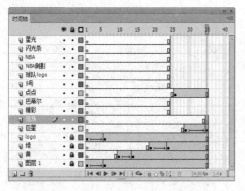

Step 27 在属性面板设置字体属性，字体为"方正剪纸简体"。大小为25点。在图层"现场"的第40帧处插入关键帧，如下左图所示。

Step 28 选择图层"现场"的第35帧处的实例，将实例向右拖一段距离，在属性面板设置其"颜色样式"为Alpha、Alpha值为0%，如下右图所示。

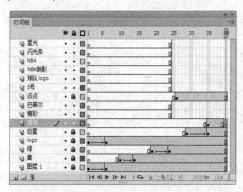

Step 29 在图层"现场"的第35~40帧之间创建传统补间动画。在图层"精彩"的第40帧处插入空白关键帧，如下左图所示。

Step 30 在图层"精彩"的第40帧处，使用文本工具T在舞台上输入文字。并将其转化为图形元件，如下右图所示。

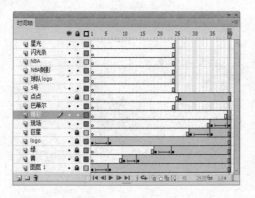

Step 31 在属性面板设置字体属性，字体为"方正剪纸简体"，大小为25点。在图层"精彩"的第45帧处插入关键帧，如下左图所示。

Step 32 选择图层"精彩"的第40帧处的实例，将实例向右拖一段距离，在属性面板设置其"颜色样式"为Alpha、Alpha值为0%，如下右图所示。

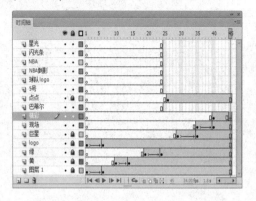

Step 33 在图层"精彩"的第40~45帧之间创建传统补间动画。在图层"巴蒂尔"的第45帧处插入空白关键帧，如下左图所示。

Step 34 选择图层"巴蒂尔"的第45帧，将库中元件"巴蒂尔"拖至舞台，设置其"宽"和"高"的值分别为300和224.95，如下右图所示。

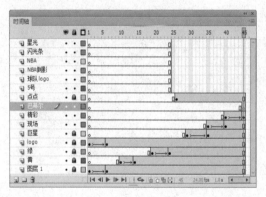

Step 35 在图层"巴蒂尔"的第51帧处插入关键帧。将第51帧处的实例向右移动。在第53帧处插入关键帧，如下左图所示。

Step 36 选择图层"巴蒂尔"的第53帧处的实例，将该实例向左移动一小段距离，做为运动的缓冲，使实例运动更加的生动，如下右图所示。

Step 37 选择图层"巴蒂尔"的第45帧处的实例,在属性面板设置其"颜色样式"为亮度、亮度值为100%,如下左图所示。

Step 38 在图层"巴蒂尔"的第45~53帧之间创建传统补间动画。选择图层"5号"的第55帧处插入空白关键帧,如下右图所示。

 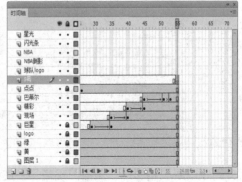

Step 39 选择图层"5号"的第55帧,将库中的元件"5号"拖至舞台。设置其"宽"和"高"的值分别为135.9和225.25,如下左图所示。

Step 40 在图层"5号"的第60帧处插入关键帧。将第60帧处的实例向上移动。在第63帧处插入关键帧,如下右图所示。

Step 41 选择图层"5号"的第63帧处的实例,将该实例向下移动一小段距离,做为运动的缓冲,使实例运动更加的生动,如下左图所示。

Step 42 选择图层"5号"的第55帧处的实例,在属性面板设置其"颜色样式"为亮度、亮度值为100%,如下右图所示。

在图层"5号"的第55~63帧之间创建传统补间动画，如下左图所示。

Step 44 分别在图层"精彩"、图层"现场"、图层"巨星"的第70帧处插入关键帧，如下右图所示。

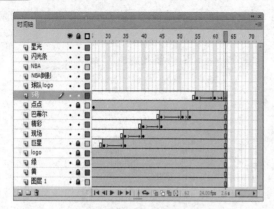 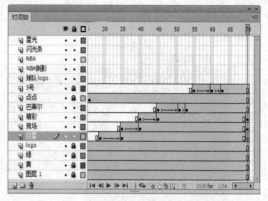

Step 45 分别在图层"精彩"、图层"现场"、图层"巨星"的第75帧处插入关键帧。并分别将图层上的实例移出背景，如下左图所示。

Step 46 分别在图层"精彩"、图层"现场"、图层"巨星"的第70~75帧之间创建传统补间动画，如下右图所示。

 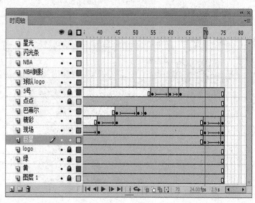

Step 47 分别在图层"巴蒂尔"的第75帧和第85帧处插入关键帧。选择第85帧处实例，在属性面板设置其"颜色样式"为Alpha、Alpha值为0%，如下左图所示。

Step 48 在图层"巴蒂尔"的第75~85帧之间创建传统补间动画。分别在图层"5号"的第80帧和第90帧处插入关键帧。并在第80~90帧之间创建传统补间动画，如下右图所示。

 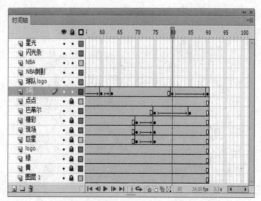

Step 49 选择图层"5号"的第90帧处的实例，在属性面板设置其"颜色样式"为Alpha、Alpha值为0%，如下左图所示。

Step 50 在图层"球队logo"的第90帧处插入空白关键帧，将库中的图形元件"logo.png"拖至舞台左侧，如下右图所示。

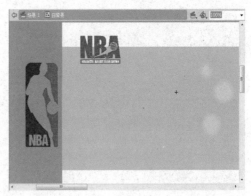

Step 51 选择图层"球队logo"的第90帧处的实例，设置其"宽"和"高"的值分别为843.9和224.7，如下左图所示。

Step 52 选择图层"球队logo"的第115帧处插入帧。选择图层"绿"的第120帧和第130帧处插入关键帧，如下右图所示。

Step 53 选择图层"绿"的第130帧处实例，使用任意变形工具 将其放大，放大至其"宽"和"高"的值分别为550和400。使其充满整个白色背景，如下左图所示。

Step 54 在图层"绿"的第120~130帧之间创建传统补间动画。在图层"logo"的第128帧和第135帧处插入关键帧。在第128~135帧之间创建传统补间动画，如下右图所示。

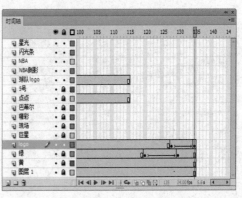

Step 55 选择图层"logo"的第135帧处的实例，在属性面板设置其"颜色样式"为Alpha、Alpha值为0%，如下左图所示。

Step 56 选择图层"NBA"的第135帧插入空白关键帧。将库中的图形元件"NBA"拖至舞台，设置其"宽"和"高"的值分别为638.8和638.8，如下右图所示。

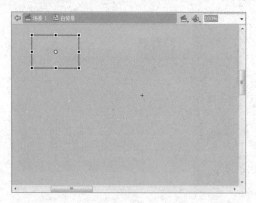

Step 57 选择图层"NBA"的第145帧插入关键帧，使用任意变形工具将其缩小，缩小至其"宽"和"高"的值分别为184.55和184.55，如下左图所示。

Step 58 在图层"NBA"的第135~145帧之间创建传统补间动画。在图层"星光"的第145帧处插入空白关键帧，如下右图所示。

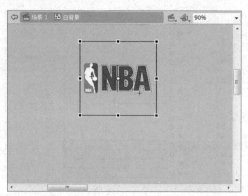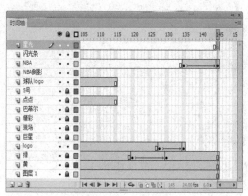

Step 59 选择图层"星光"的第145帧，将库中的影片剪辑元件"星光闪闪"拖至舞台。放置在舞台背景的右侧，如下左图所示。

Step 60 选择图层"星光"的第145帧处的实例，在"属性"面板的"滤镜"参数区，为该实例添加"发光"滤镜和"模糊"滤镜，如下右图所示。

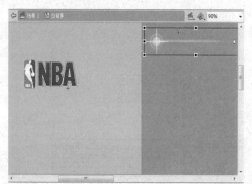

Step 61 选择图层"星光"的第155帧处插入关键帧，将实例移至背景左侧。在第145～155帧之间创建传统补间动画，如下左图所示。

Step 62 选择图层"闪光条"的第145帧插入空白关键帧，将库中的影片剪辑元件"闪光条"拖至舞台，使其与"NBA"重合，如下右图所示。

Step 63 选择图层"闪光条"的第157帧处插入帧。至此完成图形元件"白背景"的制作，如下左图所示。

Step 64 返回场景一，选择图层"白背景"的第53帧处插入空白关键帧，将库中的图形元件"白背景"拖至舞台，使其充满舞台，如下右图所示。

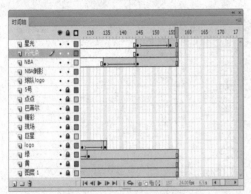

Step 65 在图层"白背景"的上方新建图层"按钮"。在图层"按钮"的第209帧处插入空白关键帧，如下左图所示。

Step 66 选择图层"按钮"的第209帧，打开"库"面板，将库中的按钮元件"元件12"拖至舞台的右下角，如下右图所示。

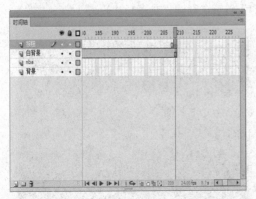

Step 67 选择舞台上的按钮元件设置其"宽"、"高"、X和Y值分别为178.20、115.55、1007.60、520.80，如下左图所示。

Step 68 在图层"按钮"的上方新建图层"AS"。在图层"AS"的第209帧处插入空白关键帧，并添加停止动作代码stop();，如下右图所示。

 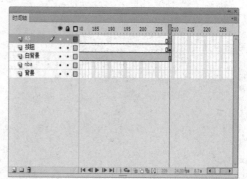

Step 69 在图层"AS"的上方新建图层"音乐"。将库中的音乐元件"yinyue.mp3"拖至舞台，如下左图所示。

Step 70 选中舞台中的按钮元件，为其添加相应的动作代码。控制其在按下的状态下音乐停止，如下右图所示。

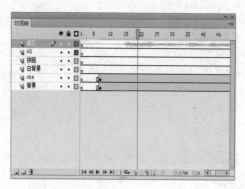 

05 合成保存并测试动画主题动画

至此，整个动画已经成功创建，接下来将其保存并测试即可。

Step 01 选择"文件>另存为"命令，设置文件名和保存路径，将影片文件保存，如下左图所示。

Step 02 选择"控制>测试影片"命令，测试制作好的生日贺卡动画，查看影片效果，如下右图所示。

Chapter

12

设计音乐 MV

音乐是人们抒发感情、表现感情、寄托感情的艺术，所以其中包含了多彩多姿的故事。现在的音乐讲究视听结合，音乐MV一般利用画面手段来补充音乐所无法涵盖的信息和内容，使音乐所传达的情感更加的具体。一曲流畅的音乐，再配上与之意境切合的画面，让人更容易进入情境去体味音乐背后的故事。

重点难点

- 音乐MV的设计理念
- 音乐MV的制作要领

Section 01 知识准备

在制作音乐MV动画前，用户需要了解音乐MV的设计特点和设计要求。这样才能在制作音乐MV时有的放矢，制作出高品质的MV。本节对音乐MV动画的特点、设计要求向读者作一个全面的介绍，并向读者展示了几类精彩的音乐MV动画。

01 音乐MV的特点

音乐MV就是为音乐制作动画即用最好的歌曲配以最精美的画面，使原本只是听觉艺术的歌曲，变为视觉和听觉结合的一种崭新的艺术样式。具体地讲，就是把包含在音乐中的故事情节用画面的形式呈现出来，让人们从视觉和听觉两个方面去感受音乐中世界，达到视听融合的境界。用户听音乐的时候，会感觉好像在看一个故事。

诠释音乐是Flash音乐MV的一个重要特点，对于不同类型的音乐，其特点也不尽相同。根据Flash音乐MV的分类，其特点分别介绍如下。

（1）流行音乐

流行音乐是指结构短小、内容通俗、情感真挚，并被广大群众所喜爱，广泛传唱或欣赏，流行一时的甚至流传后世的器乐曲和歌曲。所以制作流行音乐MV时，内容要求通俗易懂、形式活泼。

（2）古典音乐

古典音乐是历经岁月考验，久盛不衰，为众人喜爱的音乐。古典音乐是一个独立的流派，艺术手法讲求洗练，追求理性地表达情感。所以创作古典音乐MV时要求注重情感的表达。

（3）摇滚音乐

摇滚音乐具有快速、适于跳舞和容易记忆等特点。制作此类MV时要求画面能跟得上音乐的节奏，表现手法强烈。

（4）儿歌

儿歌是以儿童为主要接受对象的具有民歌风味的简短诗歌，内容多反映儿童的生活情趣，传播生活、生产知识等。所以在儿歌MV制作上，要求内容浅显，思想单纯，篇幅简短，节奏欢快。

02 音乐MV的设计要求

在设计音乐MV动画时，有以下几点设计要求，具体介绍如下。

（1）创意

衡量一个Flash音乐MV的优劣标准是它能否更好地诠释音乐。高质量的音乐MV是要以音乐本身为线索创作动画，而不是根据动画创作音乐。

（2）主题

音乐的曲风分类很多，制作音乐MV要能抓住音乐所表现的主旨，深刻理解音乐背后所隐含的情节，做到视听和谐。

（3）动画

动画制作中，不必采用过于复杂的动画类型，简单的文本动画即可。动画中的造型尽量卡通化，要活泼、可爱。

（4）节奏

在制作音乐MV的时候，节奏的把握和时间的把握一定要精准，快节奏的音乐动画节奏也要快。通常动画的内容都符合音乐的歌词，所以场景的内容也要准确反映歌词表达的内容。在音乐MV上都显示音乐的歌词，显示和消失歌词的时间也要准确的把握，和声音的匹配度要高。

03 精彩的音乐MV赏析

音乐MV在网络上随处可见，下面将介绍流行音乐、古典音乐、儿歌和轻音乐四种不同的音乐MV动画。

1. 流行音乐MV

流行音乐的作品内容通俗易懂，题材多取自于日常生活，以表现爱情主题的为多数，强调个人的心理情感，强调自我，容易引起人们的情感共鸣。而且流行音乐旋律易记易唱，人们可以主动参与表演，增加了能动的空间和乐趣，得到了放松与享受，如下图所示。

2. 儿歌MV

儿歌吟唱中，优美的旋律、和谐的节奏、真挚的情感可以给儿童以美的享受和情感熏陶。MV可以形象有趣地帮助儿童认识自然界，认识社会生活，开发他们的智力，启迪引发他们的思维和想象力，如下图所示。

3. 传统文化MV

中国传统的文化的风格在音律上铿锵有力，例如《生肖歌》MV中，传统的音乐风格配上十二生肖传统的文化，画面又有中国剪纸的韵味，具有十足的中国民间气息。旋律铿锵有力朗朗上口。深刻的表现了十二生肖的魅力，如下图所示。

Section 02 案例制作

本节将以一首流行音乐《蒲公英的约定》的制作为例，对音乐MV的制作进行详细介绍。

01 制作音乐MV动画

音乐MV动画的制作过程如下。

Step 01 打开素材文件并将其另存。然后将"图层1"重命名为"安全框"，使用矩形工具 绘制图形，填充颜色为黑色，如下左图所示。

Step 02 在"安全框"下方新建"图层2"将库中的元件"背景2"拖至舞台合适位置，在第11、102帧处插入关键帧，如下右图所示。

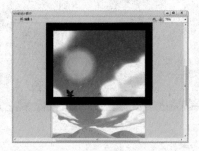

Step 03 选择第102帧处的实例，将实例向上移动。在第11~102帧处创建传统补间动画，如下左图所示。

Step 04 在"图层2"上的第142、151帧处插入关键帧。在第142~151帧之间创建传统补间动画，如下右图所示。

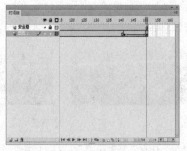

Step 05 选择第151帧处的实例，在其属性面板中设置其Alpha值为0，如下左图所示。

Step 06 在"图层2"的下方新建"图层3"，在第142帧处插入关键帧，如下右图所示。

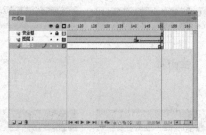

Step 07 执行"插入>新建元件"命令，新建图形元件"元件1"，将库中的"背景3"拖至舞台，在"图层1"上方新建"图层2"、"图层3"，如下左图所示。

Step 08 分别在"图层2"、"图层3"的第30帧处插入关键，将库中元件"蝴蝶"拖至舞台合适位置，如下右图所示。

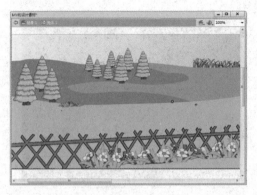

Step 09 分别在"图层2"的第100帧和"图层3"的第130帧处插入关键帧。分别调整其实例位置，将"蝴蝶"元件向左移动，移出背景，如下左图所示。

Step 10 分别在"图层2"的第30~100帧和"图层3"的第30~130帧之间创建传统补间动画，如下右图所示。

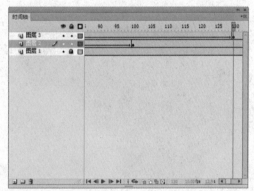

Step 11 返回"场景1"，选择"图层3"的第142帧，将库中的"元件1"拖至舞台合适位置。并在第153帧处插入关键帧，如下左图所示。

Step 12 选择"图层3"的第142帧处的实例，在其属性面板中设置其Alpha值为0。在第142~153帧之间创建传统补间动画，如下右图所示。

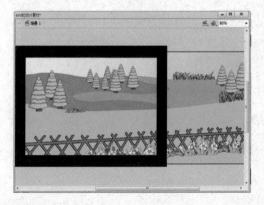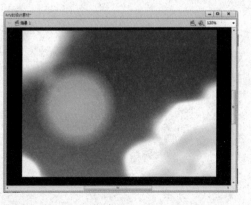

Step 13 选择"图层3"的第230帧处插入关键帧，并将该帧处的元件向左移动，在第153～230帧之间创建传统补间动画，如下左图所示。

Step 14 在"图层2"上方新建"图层4"，使用矩形工具□绘制一个填充颜色为黑色的矩形，能充满整个舞台，并将其转化为元件，如下右图所示。

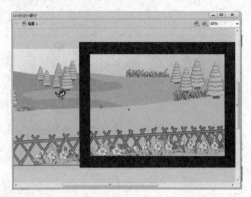
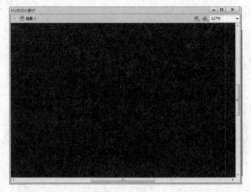

Step 15 在"图层4"的第20帧处插入关键帧，将该帧处的实例Alpha值设置为0。在第1～20帧之间创建传统补间动画，如下左图所示。

Step 16 新建元件"元件3"，使用文本工具T在元件的编辑区出入文字"蒲公英的约定"。并将其转化为元件"文字"，如下右图所示。

Step 17 在"图层1"的第15、75、85帧处插入关键帧。将第1帧的文字实例缩小，并将其Alpha值设置为0，如下左图所示。

Step 18 在第1～15帧之间创建传统补间动画。选择第85帧处的文字实例，将其Alpha值设置为0。在第75～85帧之间创建传统补间动画，如下右图所示。

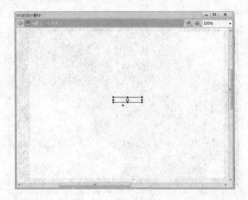
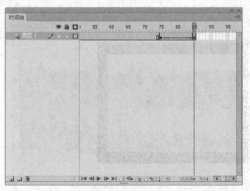

Step 19 在 "图层1" 的上方新建 "图层2" ，在第19帧插入关键帧并输入文字。并将文字转化为元件 "文字2" ，在第26帧处插入关键帧，如下左图所示。

Step 20 选择第26帧处的实例，将文字向右移动一段距离，并将第19帧处实例Alpha值设置为0。在第 19～26帧之间创建传统补间动画，如下右图所示。

Step 21 在 "图层2" 的第75、85帧处插入关键。并将第85帧处的实例Alpha值设置为0。在第75～85 帧之间创建传统补间动画，如下左图所示。

Step 22 在 "图层2" 的上方新建 "图层3" ，在第25帧处插入关键帧，复制 "图层1" 中的文字实例， 按Ctrl+Shift+V组合键将实例原位置粘贴，如下右图所示。

Step 23 在 "图层3" 的下方新建 "图层4" ，在第25帧插入关键帧，使用矩形工具 绘制一个矩形， 填充色为由透明到白色再到透明的渐变。将该矩形转换为元件，如下左图所示。

Step 24 在第55帧插入关键帧，将矩形移动至文字右侧。在第25～55帧之间创建传统补间动画。选择 "图层3" 并右击，将 "图层3" 设置为遮罩层，如下右图所示。

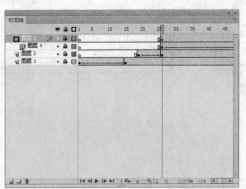

Step 25 在"图层3"的上方新建"图层5"，在第25帧插入关键帧，将库中元件"蒲公英"拖至编辑区。并调整其位置和大小，如下左图所示。

Step 26 选择"图层5"右击，选择添加传统引导层。使用铅笔工具 ✐ 在引导层上绘制一条曲线，作为"蒲公英"的运动轨迹，如下右图所示。

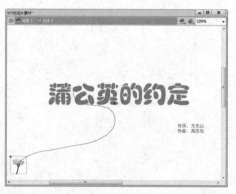

Step 27 选择"图层5"的第25帧将实例放置曲线的下端。在第75帧插入关键帧，将实例移动至曲线的另一端。在第25～75帧之间创建传统补间动画，如下左图所示。

Step 28 在"图层5"的第39、56帧插入关键帧。使用任意变形工具 ▥ 分别按其飞行方向旋转。在第85帧插入关键帧，将该处实例的Alpha值设置为0，如下右图所示。

Step 29 在第75～85帧之间创建传统补间动画。返回"场景1"，在"图层4"上方新建"图层5"在第90帧插入关键帧，如下左图所示。

Step 30 选择"图层5"的90帧，将库中的元件"元件3"拖至舞台。调整其大小和位置，在属性面板的循环选项中选择为"播放一次"，如下右图所示。

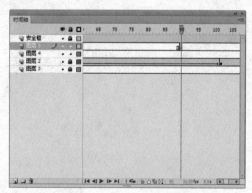

Step 31 在"图层2"的第231帧插入空白关键帧,将库中的元件"镜头2"拖至舞台。在第270帧插入帧,如下左图所示。

Step 32 在"图层2"的第271帧插入空白关键帧,将库中的元件"镜头3"拖至舞台。在第340帧插入帧,如下右图所示。

Step 33 新建元件"元件5"将库中元件"草地2"拖至编辑区。在"图层1"上新建"图层2"将库中元件"人物躺倒"拖至编辑区,如下左图所示。

Step 34 在"图层2"上新建"图层3"将库中元件"树"拖至编辑区。分别在"图层1"、"图层2"、"图层3"的第25帧插入关键帧,如下右图所示。

Step 35 选择"图层1"、"图层2"、"图层3"的第25帧上的实例,将实例向右移动。在第1~25帧之间创建传统补间动画,如下左图所示。

Step 36 在"图层1"、"图层2"、"图层3"的第40帧插入帧。返回"场景1",在"图层2"的第341帧插入空白关键,将库中"元件5"拖至舞台,如下右图所示。

 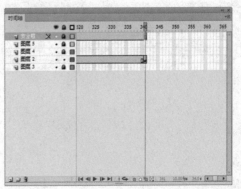

Step 37 在"图层2"的第395帧插入帧，选择第341帧的实例，在属性面板的循环选项中选择为"播放一次"，如下左图所示。

Step 38 在"图层3"的第396帧插入空白关键帧，将库中元件"天空2.png"拖至舞台。在第435帧插入帧，如下右图所示。

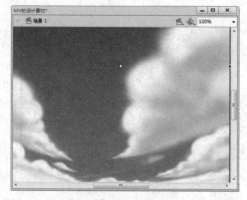

Step 39 在"图层4"的第379帧插入空白关键帧，绘制一个充满舞台的白色矩形。并将其转化为元件，在第409帧插入关键帧，如下左图所示。

Step 40 在"图层4"的第392、396帧插入关键帧。选择第379、409帧处的实例，将实例Alpha的值设置为0，如下右图所示。

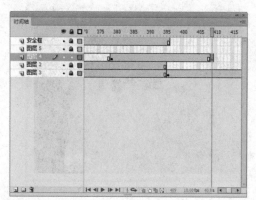
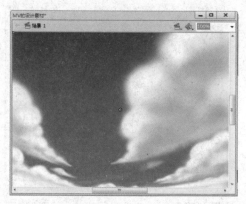

Step 41 在第379~409帧之间创建传统补间动画。新建元件"纸飞机"并进入元件的编辑区，如下左图所示。

Step 42 在"图层1"的第13帧处插入空白关键帧，使用矩形工具 绘制一个矩形，如下右图所示。

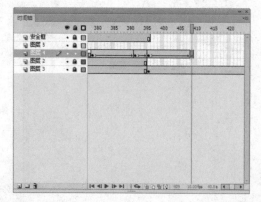
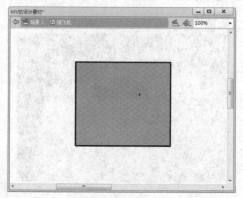

Step 43 在第13~25帧之间隔一帧插入一个空白关键帧。绘制折纸飞机的逐帧动画。在第15帧绘制第一步，如下左图所示。

Step 44 逐帧绘制折纸飞机的动画，在第41帧处插入帧。返回"场景1"，在"图层2"的第404帧插入空白关键帧，如下右图所示。

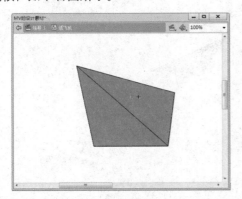
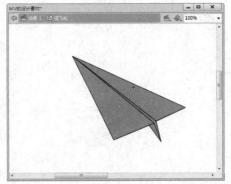

Step 45 将库中元件"纸飞机"拖至舞台，在第412帧插入关键帧，将第404帧的实例缩小并将其Alpha值设置为0，如下左图所示。

Step 46 在第404~412帧之间创建传统补间动画。并在第435帧插入帧。在"图层3"的第436帧插入空白关键帧，如下右图所示。

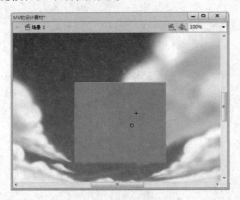
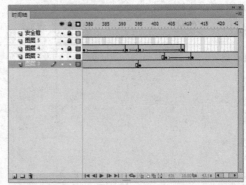

Step 47 选择"图层3"的第436帧，用矩形工具 ▭ 和铅笔工具 ✐ 在舞台绘制背景。并新建图形元件"飞机飞行"，如下左图所示。

Step 48 进入元件"飞机飞行"的编辑区，在"图层1"上绘制一个纸飞机图形，并将其转化为元件。在"图层1"上新建"图层2"，如下右图所示。

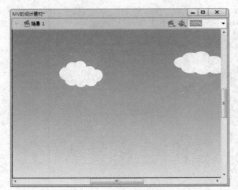
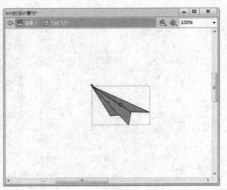

Step 49 选择"图层2"中的第15帧插入关键帧，将库中元件"客机"拖至舞台。分别在"图层1"、"图层2"的第60帧插入关键帧，如下左图所示。

Step 50 选择"图层1"第60帧上的实例，将实例移至左上角并放大。在第1~60帧之间创建传统补间动画，如下右图所示。

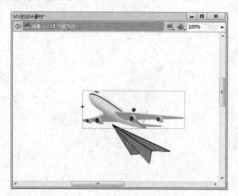
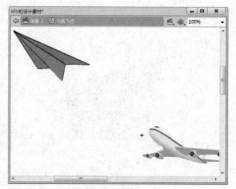

Step 51 选择"图层2"的第60帧处的实例，将其移至左上角。在第15~60帧之间创建传统补间动画，如下左图所示。

Step 52 选择"图层2"的第15帧，将第15帧处的实例Alpha值设置为0。将第60帧处的实例Alpha值设置为80，如下右图所示。

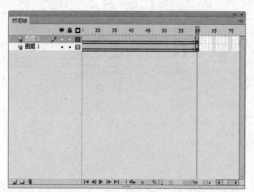
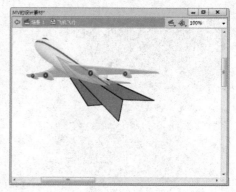

Step 53 选择"图层1"的第1~60帧之间的任意一帧，选择属性面板上的"补间"选项，将其"缓动"值调整为-100，如下左图所示。

Step 54 返回"场景1"，在"图层2"的第436帧插入空白关键帧。将库中元件"飞机飞行"拖至舞台。分别在"图层2"、"图层3"的第495帧插入帧，如下右图所示。

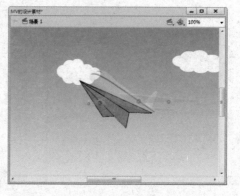

Step 55 在 "图层3" 的第496帧插入空白关键帧，将库中元件 "背景5" 拖至舞台。在第550帧插入帧，如下左图所示。

Step 56 在 "图层2" 的第510帧插入空白关键帧，将库中影片剪辑元件 "头" 拖至舞台。并为该元件添加 "模糊"、"发光" 滤镜，如下右图所示。

Step 57 选择 "图层2" 的第510帧，将该处实例的Alpha值设置为30。并在第516帧插入关键帧，如下左图所示。

Step 58 选择第516帧，将该处实例的Alpha值设置为75。在第510~516帧之间创建传统补间动画。在第550帧插入帧，如下右图所示。

Step 59 在 "图层3" 第551帧插入空白关键帧，将库中元件 "公园" 拖至舞台，在第599帧插入关键帧并将该处实例缩小，如下左图所示。

Step 60 在第551~599帧之间创建传统补间动画。在 "图层2" 的第551帧插入关键帧。将该帧处的实例的中心点移至右下角，如下右图所示。

Step 61 在"图层2"的第576帧插入关键帧，使用任意变形工具 ![] 将其稍微向下旋转。在第551~576帧之间创建传统补间动画，如下左图所示。

Step 62 在"图层2"的第600帧插入空白关键帧，将库中元件"照片"拖至舞台，在第625帧插入关键帧，将该帧处的实例向左移动，如下右图所示。

Step 63 在第600~625帧之间创建传统补间动画。在"图层3"的第626帧插入空白关键帧。新建图形元件"月光下"，进入其编辑区，如下左图所示。

Step 64 在"月光下"的编辑区内，将库中的元件"月空"拖至舞台。在第80帧处插入关键帧。在第80帧将实例向右上角移动并缩小，如下右图所示。

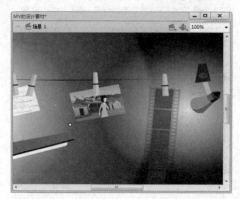 

Step 65 在第1~80帧之间创建传统补间动画。在"图层1"上新建"图层2"。在第25帧插入空白关键帧，如下左图所示。

Step 66 选择"图层2"的第25帧，将库中元件"女孩侧面"拖至舞台。在第80帧插入关键帧，如下右图所示。

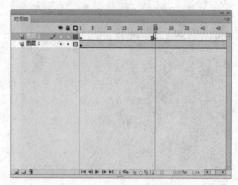 

Step 67 选择"图层2"的第80帧处的实例，将实例向右移动，在第25～80帧之间创建传统补间动画，如下左图所示。

Step 68 返回"场景1"，选择"图层3"的第626帧，将库中元件"月空下"拖至舞台，在属性面板的循环选项中选择为"播放一次"，如下右图所示。

Step 69 在"图层3"的第710帧插入空白关键帧，将库中元件"女主人公背面"拖至舞台。在属性面板的循环选项中选择为"播放一次"，如下左图所示。

Step 70 在"图层3"的第780帧插入关键帧，将该帧处的实例缩小。并在第710～780帧之间创建传统补间动画，如下右图所示。

Step 71 打开库面板，选中库中的元件"人物背面"，进入其编辑区，将人物背面的图形转换为元件。在第9帧处插入关键帧，如下左图所示。

Step 72 在第5帧插入关键帧，并将该帧处的实例向下移动，在第1～9帧之间创建传统补间动画，如下右图所示。

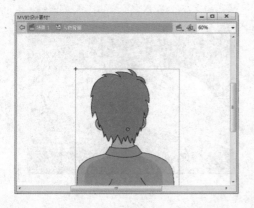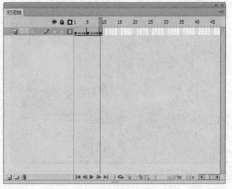

Step 73 分别在"图层2"的第626、730帧处插入空白关键帧。选择第730帧，将库中元件"人物背面"拖至舞台外，如下左图所示。

Step 74 在第780帧插入帧，将该帧处元件向右移动并缩小。在第730~780帧之间创建传统补间动画，如下右图所示。

Step 75 分别在"图层2"、"图层3"的第795帧插入帧。选择"图层2"的第780帧，在属性面板的循环选项中选择为"单帧"，如下左图所示。

Step 76 在"图层2"的第796帧插入空白关键帧，将库中元件"荷花风景"拖至舞台。在第840帧插入帧，如下右图所示。

Step 77 在"图层3"的第841帧插入空白关键帧。将库中元件"水波"拖至舞台，在第885帧插入关键，在该帧处的实例向上移动，如下左图所示。

Step 78 在"图层2"的第841帧插入空白关键帧。将库中元件"双手"拖至舞台，在第885帧插入关键帧，将该帧处的实例放大，如下右图所示。

 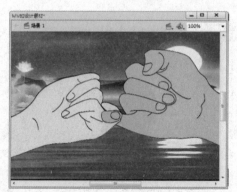

Step 79 分别在"图层2"、"图层3"的第841～885帧之间创建传统补间动画。在"图层4"的第873帧插入空白关键帧，如下左图所示。

Step 80 在"图层4"的第873帧处，在舞台使用矩形工具 ▢ 绘制一个填充颜色为白色的矩形，并将该矩形转换为元件，如下右图所示。

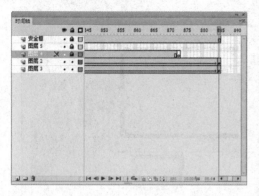

Step 81 在分别在第885、890、903帧插入关键帧，选择第873、903帧处的实例，将该帧处实例Alpha值设置为0，如下左图所示。

Step 82 在第873～903帧之间创建传统补间动画。在"图层2"的第890帧插入空白关键帧，如下右图所示。

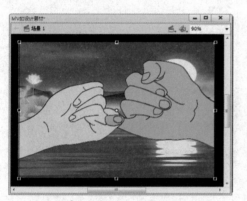
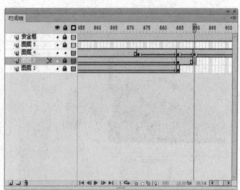

Step 83 新建元件"坐车"，并进入其编辑区，将库中元件"车内"拖至编辑区。在"图层1"下方新建"图层2"，如下左图所示。

Step 84 选择"图层2"，将库中影片剪辑元件"窗外风景"拖至编辑区。并为其添加"模糊滤镜"。将模糊值后面的链接X和Y属性值图标 點 点开，如下右图所示。

Step 85 为影片剪辑元件"窗外风景"添加"模糊滤镜"。将"模糊X"和"模糊Y"的值分别调整为15像素和0像素，如下左图所示。

Step 86 选择"图层2"在第15帧插入关键帧，将该帧处的元件向右移动。在"图层1"上的第15帧插入帧，如下右图所示。

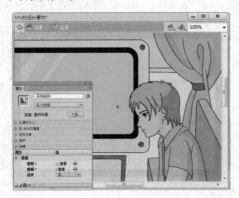 

Step 87 返回"场景1"，选择"图层2"的第890帧处，将库中元件"坐车"拖至舞台，在第960帧插入帧，如下左图所示。

Step 88 选择"图层2"的第961帧处，插入空白关键帧。将库中元件"巴士行驶"拖至舞台。在第1015帧插入帧，如下右图所示。

Step 89 新建元件"教堂风景"并进入其编辑区。在"图层1"的第26帧插入空白关键帧。使用线条工具 ＼ 绘制一个"纸飞机"，如下左图所示。

Step 90 将该"纸飞机"转换为元件。在第98帧插入关键帧。将该帧处的实例向左下角移动放大并旋转，如下右图所示。

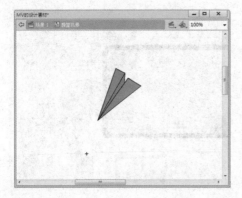 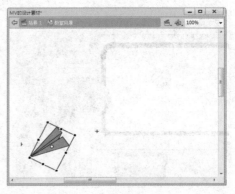

Step 91 在第35帧插入关键帧，选择第26帧将该帧处实例的Alpha值设置为18。在第26～98帧之间创建传统补间动画，如下左图所示。

Step 92 在"图层1"的下方新建"图层2"，将库中元件"背景"拖至舞台。在第98帧插入关键帧，如下右图所示。

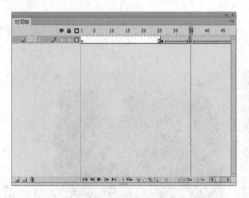 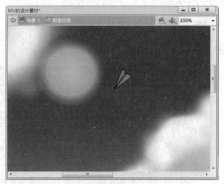

Step 93 选择第98帧处的实例，将该实例向上移动，并在第1～98帧之间创建传统补间动画，如下左图所示。

Step 94 在"图层1"的上方新建"图层3"，在第50帧插入空白关键帧，将库中元件"人物背景"拖至编辑区，如下右图所示。

Step 95 在第98帧插入关键帧，将该帧处的实例向上移动并缩小。在第50～98帧之间创建传统补间动画，如下左图所示。

Step 96 返回"场景1"，在"图层2"的第1016帧插入关键帧，将库中元件"教堂风景"拖至舞台，在第1110帧插入帧，如下右图所示。

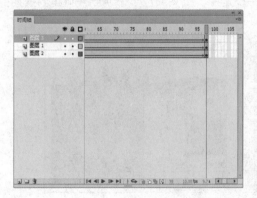 

02 添加音乐及动作按钮

音乐的添加与重播按钮的制作过程如下。

Step 01 在"图层5"上新建"图层6",将库中音乐元件"音乐.MP3"拖至舞台,为动画添加音乐,如下左图所示。

Step 02 在"图层6"上新建"图层7",在第1110帧插入空白关键帧。将库中按钮元件"重播"拖至舞台右下角,如下右图所示。

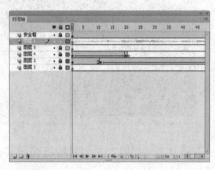

Step 03 选择"图层7"上的按钮元件,打开动作面板为其添加相应的动作代码,如下左图所示。

Step 04 在"图层7"上新建"图层8",在第1110帧插入空白关键帧。在该帧处添加动作代码,如下右图所示。

03 添加歌词

音乐歌词的添加方法如下。

Step 01 根据歌曲的节奏来选择歌词的位置。在"图层8"上新建"图层9",在第156帧插入空白关键帧,如下左图所示。

Step 02 选择"图层9"的第156帧,在舞台绘制一个矩形,填充颜色为透明到浅蓝再到透明的渐变。浅蓝的Alpha值为45%,如下右图所示。

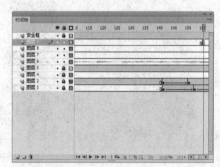
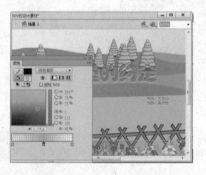

Step 03 选择该矩形按Ctrl+G组合键，将该矩形打组。在该矩形上使用文本工具 **T** 根据歌词输入文字，如下左图所示。

Step 04 根据歌曲内容，在该句歌词结束的第209帧插入关键帧，在第210帧插入空白关键帧，如下右图所示。

 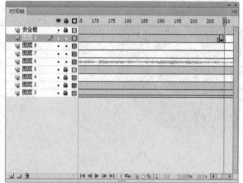

Step 05 在第217帧插入关键帧，按照上述方法，在"图层9"上继续添加歌词。如下左图所示。

Step 06 根据歌词的内容，按照歌词的开始和结束的位置，准确的将所有歌词添加完整，如下右图所示。

04 测试音乐MV

至此，该动画制作完成，接着将其保存并进行测试，其据其操作过程介绍如下。

Step 01 选择"文件>另存为"命令，设置文件名和保存路径，将影片文件保存，如下左图所示。

Step 02 选择"控制>测试影片"命令，测试制作好的音乐MV动画，查看影片效果，如下右图所示。

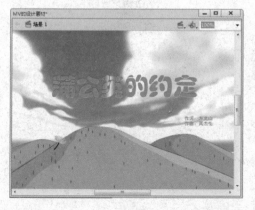 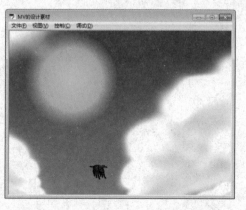

Chapter 13

设计动画短片

随着动画技术的不断发展，很多Flash动画爱好者都在追求着自己的动画梦想，梦想着成为名符其实的动画导演，其实这个梦想并不遥远。动画短片具有制作简单、文件体积小、图像质量高以及易于传播等特性，因此受到很多人的追捧。

重点难点

- 故事情节的编排
- 转场特效的制作
- 交互按钮的设计

知识准备

在制作Flash动画短片前，用户需要明确目的，了解短片的设计原则，熟悉短片的创作流程。这样才能够设计出优秀的、有创意的短片。本节将对Flash动画短片的相关基础知识进行简单介绍。

01 设计动画短片的原则

目前，动画短片深受广大用户所喜爱，人们将各种故事都制作成了短片，从而借助这种形式来抒发自己的情感。优秀的作品一般都遵循以下几条设计原则。

（1）短片主题突出鲜明，情节简洁明了，图片清晰美观。

（2）整个短片作品中构图有序、布局合理，动画场景生动有趣，引人入胜。

（3）动画短片要具有片头或片尾，以完整的形式表现整个动画作品。

（4）动画短片中将文字、图像、声音、视频等多媒体元素很好地融合在一起，就如同一个整体，在播放过程中表现得非常自然。

（5）动画短片中的每一个页面都将表现为丰富而不繁琐，简单而不空洞。

（6）动画短片中的主体动画播放流畅，转场画面自然和谐，文字描述言简意赅。

（7）动画短片的时间不宜过久，一般时长为3~5分钟。

02 创作动画短片的流程

Flash动画短片的穿凿流程大致包括前期的准备阶段、中期的绘制阶段、后期的合成输出阶段。

（1）准备阶段

该阶段的主要工作包括情景构思、画面设计、人员安排、人物脚本以及其他脚本的制作等。

（2）绘制阶段

该阶段的主要工作包括场景的绘制、人物的绘制、人物动作的设计与绘制等。

（3）合成阶段

该阶段的主要工作是根据故事情节，创建主动画并对其进行测试，待确认无误后输出。

03 优秀动画短片赏析

在网络中，随处可见Flash动画短片的影子，这也验证了它的人气是超高的。下面将列举一些优秀的短片作品，以供大家欣赏。

1. 公益宣传短片

下面这是一个有关奥运会宣传的动画短片，旨在提高城市形象，增强大家的凝聚力，如下图所示。

2．寓言故事短片

下图所示是一个关于乌鸦喝水的动画短片，让小朋友们看后，能使其明白遇到困难应仔细观察，认真思考的道理。

3．情景描述短片

下图所示是一个关于成长的动画短片，从不同的成长角度去看待身边发生的每一件事情，他告诉我们要积极的生活，要拥有阳光心态。

Section 02 案例制作

本节将以"生命的禁锢"动画短片为例，对Flash动画短片的制作过程展开详细介绍。

01 创意风格解析

1．设计思想

该案例制作的是一个安全教育类短片，其中以"安全行驶"为主题，以撞车前后的一系列事件为主线，从而教育人们在驾车出行的过程中，要系紧安全带。整个动画切换了三个画面，通过不通的背景来说明不同处境。在短片播放结束后，又一次直击主题，以提醒人们要牢记血的教训，增强安全意识。

2．制作过程

该案例的制作过程大致如下。

（1）画面1的制作，其主要表现的是开车出行时愉快的情景。

（2）画面2的制作，其主要表现的是撞车那一瞬间的情景。

（3）画面3的制作，其主要表现的是撞车后人脆弱生命溜走的情景。

02 设计画面1

下面将对画面1的制作展开详细的介绍。其中主要应用了传统补间动画的效果。

Step 01 打开"生命的禁锢素材.fla"文件。将"图层1"重命名为"框",使用矩形工具绘制边框,并填充黑色,选择314帧插入普通帧,如下左图所示。

Step 02 在"框"层下新建"底图",将库中图片"底.jpg"拖至舞台,并调整位置与大小。将图片转换为图形元件"底",如下右图所示。

Step 03 在"底图"层上新建"文字"层,使用文字工具在舞台上输入文字。然后选择第11帧并插入空白关键帧,如下左图所示。

Step 04 选择"底图"层第11、24帧并插入关键帧。选择第11帧利用任意变形工具改变元件的大小与位置,如下右图所示。

Step 05 选择第24帧,再次利用任意变形工具改变元件的大小与位置。在第11~24帧间创建传统补间动画,如下左图所示。

Step 06 选择第63帧插入关键帧,将元件向右移动。在第24~63帧间创建传统补间动画,如下右图所示。

Step 07 在"底图"层上新建"后景"层。选择第11帧插入关键帧，将"后景"拖至舞台并调整其位置与大小，如下左图所示。

Step 08 在第24帧处插入关键帧，调整所对应元件的位置与大小。在第11～24帧间创建传统补间动画，如下右图所示。

Step 09 在第63帧处插入关键帧，将元件向右移动。在第24～63帧间创建传统补间动画，如下左图所示。

Step 10 在"后景"层上新建"车"图层。在第11帧处插入关键帧，将"车1"拖至舞台，并调整其位置与大小，如下右图所示。

Step 11 在第24帧处插入关键帧，调整元件位置与大小。在第11～24帧间创建传统补间动画，如下左图所示。

Step 12 在"车"层上新建"前景"，选择第24帧并插入关键帧，将"前景"拖至舞台合适位置，如下右图所示。

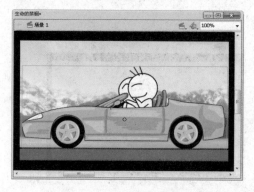
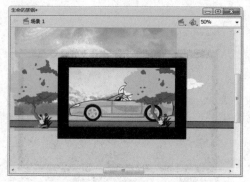

Step 13 在第63帧处插入关键帧，将元件向右移动。在第24~63帧间创建传统补间动画。选择第64帧插入空白关键帧，如下左图所示。

Step 14 选择"后景"层的第64帧插入空白关键帧。将元件"后景2"拖至舞台，并调整其位置及大小，如下右图所示。

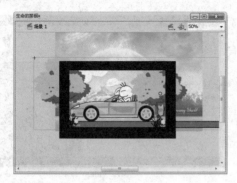 

03 设计画面2

下面将对画面2的制作展开详细的介绍，其中主要用到了任意变形工具。

Step 01 选择"车"图层的第64帧插入空白关键帧。将元件"车2"拖至舞台，并调整其位置，如下左图所示。

Step 02 在第90帧处插入关键帧，然后改变元件的位置并使其水平倾斜。在第64~90帧间创建传统补间动画，如下右图所示。

Step 03 在第80帧处插入关键帧，使用任意变形工具对元件进行水平倾斜调整，如下左图所示。

Step 04 在第84、88帧处插入关键帧，然后利用任意变形工具依次对其中的元件执行水平倾斜操作，如下右图所示。

Step 05 在第91帧处插入空白关键帧，将元件"车3"拖至舞台，并调整其位置与大小，如下左图所示。

Step 06 在"底图"层第109帧处插入关键帧，然后使用任意变形工具调整所对应元件的大小与位置，如下右图所示。

Step 07 选择"后景"图层的第109帧并插入空白关键帧，然后将元件"后景3"拖至舞台合适位置，如下左图所示。

Step 08 在第136、141帧处插入关键帧。选择第141帧，设置元件Alpha值为0。在第136~141帧间创建传统补间动画。选择第142帧插入空白关键帧，如下右图所示。

Step 09 选择"车"图层的第109帧并插入空白关键帧，将图形元件"车4"拖至舞台，然后使用任意变形工具调整其位置与大小，如下左图所示。

Step 10 分别在第118、124帧处插入关键帧。然后选择第124帧，并利用任意变形工具将元件放大，在第118~124帧间创建传统补间动画，如下右图所示。

Step 11 在第127、134帧处插入关键帧。选择第134帧上的元件，将其放大。并设置其Alpha值为80%。在第127~134帧之间创建传统补间动画，如下左图所示。

Step 12 在第141帧处插入关键帧，设置元件Alpha值为10。在第134~141帧间创建传统补间动画，如下右图所示。

Step 13 选择"前景"层的第109帧插入关键帧，然后将"前景2"拖至舞台，并调整位置与大小，如下左图所示。

Step 14 在第118、124帧处插入关键帧，选择第124帧上的元件，将其适当放大。在第118~124帧间创建传统补间动画，如下右图所示。

04 设计画面3

下面将对画面3的制作展开详细的介绍，其中应用了逐帧动画来表现生命的脆弱性。

Step 01 在第127、134帧处插入关键帧，选择134帧上的元件，将其根据"车4"调整放大，并设置其Alpha值为80%。在第127~134帧间创建传统补间动画，如下左图所示。

Step 02 在第141帧处插入关键帧，设置其Alpha值为0。在第134~141帧间创建传统补间动画。在第142帧处插入空白关键帧，如下右图所示。

 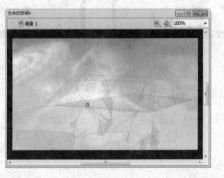

Step 03 在"车"层上新建"2人"层。在第134帧处插入关键帧，将"2人"拖至舞台，对应"车4"的图案调整位置，如下左图所示。

Step 04 在"车"层第142、282帧插入空白关键帧。选择142帧，将"车5"拖至舞台，并调整其位置和大小，使之与对齐"车4"，如下右图所示。

Step 05 在"2人"层上新建"右人"层，选择第150帧插入关键帧。随后绘制右边的人物，将边线与填充色都设置成透明色，如下左图所示。

Step 06 在第150帧中绘制右边人物撞车后生命脆弱的表现。如下右图所示。

Step 07 在第151～205帧间，使用逐帧动画来制作右边人物从起身到向上飘走的动画（大致情况如下图所示）。在制作过程中，可以使用选择工具对图形进行调整。制作完成后，在第206帧处插入空白关键帧。

Step 08 在"右人"层上新建"左人"层。选择第158帧插入关键帧，绘制左边的人物，将边线与填充色设置为透明色，如下左图所示。

Step 09 在第158～235帧间，使用逐帧制作左边人物，从醒来后拽安全带到睡过去的动画，如下右图所示。

Step 10 第159～235帧间，人物形象的绘制结果大致如下图所示。

Step 11 选择第236帧插入空白关键帧，然后绘制与元件"2人"相同的左边人物。在第236～267帧间使用逐帧，制作人物转头、低头摸安全带的动画。制作过程中，使用选择工具对图形进行调整。在第282帧处插入空白关键帧，效果如下图所示。

Step 12 选择"2人"层第236帧插入空白关键帧。将元件"1人"拖至舞台，选择"绘图纸外观"，参照上一帧图案，使之与其对齐，如右图所示。

Step 13 在"前景"层上新建"手"层。分别复制"左人"层第185~228、259~263帧,粘贴至"手"层第185~228、259~263帧。然后分别选择每帧,将人物手部以外的图形删除。制作过程中,使用选择工具进行调整。选择第229、282帧插入空白关键帧。在"手"层下新建"安全带"层,选择第158、282帧插入空白关键帧。在158帧上绘制一个和元件"2人"对应的安全带图形,如下图所示。

05 添加按钮及声音

下面将为动画短片添加重播按钮以及添加声音效果,其具体操作介绍如下。

Step 01 在"框"层上新建"按钮"层。使用文本工具在舞台右下角输入play字样,并为其添加投影滤镜,并转换为按钮元件"play",如下左图所示。

Step 02 进入"play"元件编辑状态,在"图层1"下新建"图层2",使用矩形工具绘制图形,设置其Alpha值为0,如下右图所示。

Step 03 返回场景1，为按钮"play"添加控制脚本，然后在该层第2帧插入空白关键帧，如下左图所示。

Step 04 选择"文字"层第282帧插入关键帧，使用文字工具在舞台上输入文字，如下右图所示。

Step 05 在"按钮"层上新建"声音"层，选择第31、36、48、53、77、90、100帧插入关键帧。分别在第31、48帧上添加声音"笛声.wav"，如下左图所示。

Step 06 在第77帧上添加声音"刹车.wav"，在第90帧上添加声音"碰撞.wav"，如下右图所示。

Step 07 在"声音"层上新建"音乐"层，在第11帧处插入关键帧，为其添加声音"音乐.wav"。在第88、109帧处插入空白关键帧，选择第109帧，为其添加声音"音乐2.wav"。

Step 08 在"音乐"层上新建"AS"层，选择第1帧添加脚本"stop();"单击"文件>另存为"命令，以"生命的安全带"为名称保存文档。

Step 09 按【Ctrl+Enter】组合键对该影片进行测试。

Appendix

附 录
课后练习参考答案

Chapter 01

1.选择题

（1）A　（2）D　（3）D　（4）D　（5）C

2.填空题

（1）菜单栏、时间轴；（2）图层、帧；（3）高、大；
（4）文字设计和一些标志设计。

Chapter 02

1.选择题

（1）D　（2）B　（3）D　（4）B

2.填空题

（1）网格、辅助线；（2）后面绘画；（3）调整路径、
增加节点；（4）填充、位图；（5）曲线数量。

Chapter 03

1.选择题

（1）D　（2）B　（3）D　（4）C　（5）A

2.填空题

（1）图层、帧；（2）图层、帧；（3）关键帧；
（4）关键帧。

Chapter 04

1.选择题

（1）B　（2）A　（3）B

2.填空题

（1）静态文本、动态文本、输入文本；（2）静态文本；
（3）设置文字属性、设置段落格式；（4）消除文本锯齿；
（5）填充图像。

Chapter 05

1.选择题

（1）D　（2）A　（3）C　（4）A　（5）B

2.填空题

（1）元件；（2）图形元件、影片剪辑元件；（3）文

本、按钮；（4）逐帧动画、形状补间动画、传统补间
动画。

Chapter 06

1.选择题

（1）C　（2）C　（3）C

2.填空题

（1）遮罩层、被遮罩层；（2）文字对象、影片剪辑；
（3）运动的对象；（4）骨骼的关节结构、动画处理；
（5）元件实例、图形形状。

Chapter 07

1.选择题

（1）A　（2）B　（3）A　（4）B　（5）A

2.填空题

（1）ActionScript；（2）数字、布尔值；（3）简单
数据类型；（4）脚本导航器；（5）getURL。

Chapter 08

1.选择题

（1）D　（2）B　（3）C　（4）B

2.填空题

（1）MP3、WAV；（2）事件声音；（3）采样率、
压缩率；（4）FLV流媒体格式；（5）"声音属性"对
话框、"编辑封套"对话框。

Chapter 09

1.选择题

（1）A　（2）A　（3）A　（4）A

2.填空题

（1）组件检查器属性；（2）CheckBox；
（3）scrollDrag；（4）ComboBox。

Chapter 10

1.选择题

（1）D　（2）C　（3）A

2.填空题

（1）文件>发布设置　Ctrl+Shift+F12；（2）Ctrl+
Alt+Shift+S；（3）文件>导出>导出图像；（4）颜色
样式。